U0337584

铝基水反应金属材料制备及水反应性能调控

肖 飞 著

中国矿业大学出版社

·徐州·

内 容 提 要

水反应金属燃料由于其具有高能量密度而在水下推进系统中具有广阔的应用前景,是新型超高速鱼雷推进系统中水冲压发动机的主要燃料。制备可以高效、快速地与水反应的活性铝复合物是一项具有挑战性的课题,对水中兵器的发展具有重要的意义。本书系统地介绍了不同活性铝复合物的制备方法及其水反应性能研究,详细阐述了低熔点金属、碳材料、有机氟化物等添加剂对活性铝复合物水反应性能的促进作用,此外还介绍了铝基水反应金属材料和水蒸气及冰的反应特性。

图书在版编目(C I P)数据

铝基水反应金属材料制备及水反应性能调控 / 肖飞

著. — 徐州 : 中国矿业大学出版社,2024.6

ISBN 978 - 7 - 5646 - 6221 - 9

Ⅰ. ①铝… Ⅱ. ①肖… Ⅲ. ①铝基复合材料-金属材料-制备-研究 Ⅳ. ①TB333.1

中国国家版本馆 CIP 数据核字(2024)第 079357 号

书　　名	铝基水反应金属材料制备及水反应性能调控	
著　　者	肖　飞	
责任编辑	陈红梅	
出版发行	中国矿业大学出版社有限责任公司	
	(江苏省徐州市解放南路　邮编 221008)	
营销热线	(0516)83885370　83884103	
出版服务	(0516)83995789　83884920	
网　　址	http://www.cumt.com　**E-mail**;cumtpvip@cumtp.com	
印　　刷	苏州市古得堡数码印刷有限公司	
开　　本	787 mm×1092 mm　1/16　**印张** 12.5　**字数** 238 千字	
版次印次	2024 年 6 月第 1 版　2024 年 6 月第 1 次印刷	
定　　价	40.00 元	

(图书出现印装质量问题,本社负责调换)

前　言

　　铝粉具有密度大、燃烧温度高、放热量大、价格低廉等优势,因而被广泛地应用于推进剂和炸药领域中。同时,水下推进系统以及水下炸药研究越来越多地开始关注金属铝和水之间的反应,通过对铝粉进行改性,希望能够得到反应活性更高的金属铝复合物。但是,普通铝粉的表面有致密的氧化膜,会阻碍内部铝原子的反应,导致铝的点燃温度升高、点火延迟时间增加;同时,在燃烧过程中,熔融状态的铝会团聚成粒度较大的铝颗粒,影响铝的反应程度,降低铝的能量密度。此外,氧化膜的存在也会降低铝与水反应的性能。因此,制备可以高效、快速地与水反应的活性铝复合物是一项具有挑战性的课题,这对水中兵器的发展具有重要的意义。

　　本书详细介绍了不同活性铝复合物的制备方法及其水反应性能。第1章介绍了水反应金属燃料的概念、种类和铝基水反应金属材料的制备方法、催化剂及研究进展。第2章介绍了含低熔点金属锡和铋的铝复合物的制备及水反应性能调控,研究了低熔点金属 Bi 和 Sn 对于铝复合物水解反应的催化作用。第3章介绍了含不同形貌碳材料的铝复合物的制备及水反应性能调控,深入探讨了碳材料形貌对活性铝复合材料水反应速率的调控作用。第4章介绍了石墨烯材料的厚度及铋的粒径对铝复合物的水反应性能调控,阐明了石墨类材料和 Bi 的粒径大小以及纳米 Bi 与 GNS 的比例和球磨时间对铝复合物水解反应性能的影响。第 5 章介绍了含氧化石墨烯和碳纳米管铝复合物的制备及水反应性能调控,详细研究了氧化石墨烯和碳纳米管对活性铝复合物材料水解反应的催化作用。第 6 章介绍了含纳米铋修饰氧化石墨烯铝复合物的制备及水反应性能调控,主要展示了活性铝复合物 Bi-NPs@GO-Al 和 Bi-NPs-Al 的制备方法并研究了它们的水解反应性能。第 7 章详细介绍了含有机氟化物铝复合物的制备及水反应性能调控,通过球磨法制备了活性铝-有机氟化物-铋(Al-OF-Bi)复合物,并对其水解性能进行了系统的研究。第 8 章介绍了含聚四氟乙烯铝复合物的制备及水反应性能调控,详细研究了 PTFE 对活性铝复合物的水反应促进作用。第 9 章介绍了含不同氯化盐铝复合物的制备及水反应性能调控,主要研究了不同氯化盐对于铝复合物水解反应的催化作用及机理。第 10 章为聚四氟乙烯对铝与高温水蒸气反应性能的研究,详细介绍 Al-PTFE 复合物和水蒸气的反应性能。第 11 章为四氧化三钴对铝与高温水蒸气反应性能的研究,主要介绍了 Al-Co$_3$O$_4$ 复合物的制备方法,系统地研究了它们在高温水蒸气下的反应特性。第 12 章为石墨类材料对铝与高温水蒸气反应性能的研究,主要介绍氧化石墨烯及碳纳米管等石墨类材料对于铝和高温水蒸气反应的催化作用。第 13 章为石墨类材料对铝与冰反应性能的研究,阐述了含氧化石墨烯及碳纳米管等石墨类材料的活性铝复合物和冰的反应特性。

　　本书可以作为高等院校兵器科学、含能材料及新能源材料等专业的教学用书,也可作为青年科研人员的参考书。

　　限于作者的水平,书中难免有不当之处,敬请广大读者批评指正。

著　者
2024 年 2 月

目　录

第 1 章

绪　论

1.1　研究目的

　　水反应金属燃料是一种固体贫氧燃料,在常温或者高温条件下,与水发生反应并产生氢气,同时释放大量的热量。水反应富燃料推进剂中通常会添加大量的水反应金属燃料,在该燃料燃烧的过程中,大量的金属粉首先会和推进剂自身携带的少量氧化剂发生一次燃烧反应,燃烧产物中含有大量未反应完全的金属燃料,然后进入第二级燃烧室中继续进行燃烧,未反应完全的金属粒子与喷射进燃烧室的水继续发生二次反应做功[1-3]。因此,水反应金属燃料由于其高能量密度而在水下推进系统中具有广阔的应用前景,是新型超高速鱼雷推进系统中水冲压发动机的主要燃料。

　　与此同时,水反应金属材料在反应过程中可以释放出大量的氢气,该反应特性在最近的研究中也被广泛关注[4-6]。氢气作为一种理想的绿色能源,不仅具有非常高的能量密度 142 MJ/kg,更为重要的是其燃烧产物无污染。随着人类对能源需求量的日益增长,化石燃料等不可再生能源面临着枯竭,氢气对于未来绿色能源的发展具有重要意义。水反应金属燃料可以作为移动氢源,能够实现氢气随时随地制取,并且能够有效地降低氢气在存储以及运输过程中的安全隐患,在一些应急安全领域具有重要的应用前景[7-9]。此外,水反应金属材料在新型武器弹药、产氢材料、微纳机器人、生物医学等领域同样得到重要的应用。因此,发展并推动水反应金属材料的相关研究具有重要的科学价值。

1.2 水反应金属材料的种类

能与水反应释放氢气和能量的金属有很多,主要为硼族元素、碱土金属和碱金属。常见的可用于与水反应的金属的能量密度及理化性质见表 1-1。从表 1-1 的数据可以看出,铍的密度爆热最高,但其燃烧产物毒性较大,严重制约了它的应用;硼的密度爆热次之,但硼有一定的毒性,限制其应用的关键难题在于其持续反应能力较弱;锂的反应活性高,但存在能量密度低和储存困难的缺点;金属铝和镁具有较高的密度爆热,具有储存稳定、无毒性、价格低廉等优势。因此,金属铝和镁被认为是最为理想的水反应金属材料,被研究得也最为深入。其中,金属铝相较于镁由于具有密度大、密度爆热值高、燃烧产物绿色无污染以及价格低廉等优势而被认为是水反应金属材料的最佳选择[10-15]。

表 1-1　几种金属的理化性质

金属	密度/(g·cm^{-3})	熔点/K	沸点/K	爆热/(kJ·g^{-1})	密度爆热/(kJ·cm^{-3})
Be	1.85	1 560	2 744	36.06	66.67
B	2.34	2 450	3 931	18.81	44.02
Al	2.70	933	2 767	15.15	40.91
Mg	1.74	923	1 366	13.34	23.21
Li	0.53	454	1 620	28.61	15.16

铝由于其诸多优点而被广泛地应用于各种类型的推进剂以及高能混合炸药中[16-20],特别是被应用于水中兵器中。同时,由于水中兵器应用环境的特殊性,越来越多的研究开始关注金属铝和水之间的反应性能。通过对铝粉进行改性,希望可以获得更高水反应活性的铝复合物,并希望应用于水中推进系统以及水中炸药中[21-24]。

但是,普通铝粉的表面有致密的 Al_2O_3 膜,会阻碍内部铝原子的氧化反应,导致铝粉的点火温度升高、点火延迟时间增加;同时,在燃烧过程中,熔融状态的铝会团聚成粒度较大的铝颗粒,降低了铝的反应效率以及能量密度[25-27]。同样,铝与水的反应也会由于外部氧化铝层的存在而变得困难。所以,针对水中兵器战斗部以及鱼雷用金属燃料推进剂中铝反应活性低的问题,需要提升铝与水或水蒸气的反应性能,对此国内外学者开展了大量的活性铝复合物研究工作[28-32]。

1.3 活性铝基复合物材料的制备方法

由于铝会自发地与空气中的氧气发生反应,铝粉表面会产生一层氧化铝层,而氧化铝层会阻碍铝粉与水的反应,所以在常温条件下,铝粉无法与水反应。因此,移除铝粉表面的活性铝层或者使铝粉表层的氧化铝层产生缺陷是使铝粉可以和常温水反应的关键。目前,提升铝粉反应活性的手段主要包括球磨法、气体雾化法、包覆法和合金化法。

1.3.1 球磨法

球磨法又叫作机械球磨法,是利用磨球在高速运转的过程中对物料粒子进行撞击、挤压,使物料之间紧密结合[33-38]。球磨法具有成本低、工艺简单、可批量生产、合金基体成分不受限制等特点。在球磨过程中,磨球会通过物理作用挤压铝颗粒,由于金属铝具有良好的延展性,所以铝颗粒之间会发生焊接作用;同时,磨球会使得发生形变的铝颗粒破裂,所以球磨过程会使得铝粒子内部产生很多缺陷、错位和裂纹,导致铝粒子的比表面积增大,破除了原来表面致密的氧化铝膜。在通过球磨法制备铝复合物的过程中,添加剂可以和铝粉有效地结合在一起,不仅可以附着在铝粒子表面,而且在球磨过程中,强烈的挤压会使得这些添加剂进入到铝粒子的内部,从而进一步提升铝粒子的反应活性[39-43]。此外,不同的球磨条件会影响粒子最终的形貌以及反应活性,过短的球磨时间不足以使铝粒子发生充分的球磨,过长的时间又会由于铝的延展性而形成很大的粒子,所以找到适当的球磨条件是控制粒子反应活性至关重要的前提[44-47]。大量研究表明,机械球磨法制备的复合物具有较高的反应活性。

Terry 等人[48]通过两步机械活化法制备了富燃料的 Si/PTFE 反应活性材料,该过程涉及在液氮中对组分进行低温球磨,以改变 Si/PTFE 的相对延展性,从而实现脆性硅颗粒的破碎和细化。随后在室温下对材料进行高能球磨,最终将硅粒子固结,并且冷焊到可延展的 PTFE 基体中。图 1-1 所示为 Si/PTFE 复合颗粒横截面的扫描电镜背散射电子图像,其中浅灰色的区域对应于硅粒子,深灰色的区域对应于 PTFE,白虚线表示合并的粒子之间的接触界面。研究结果表明,所制备的复合物的燃烧速率可以达到 1.6～2.1 mm/s,平均燃烧温度可以达到 1 708～1 889 K。

Fan 等人[49]通过球磨法制备了 Al-In-Zn-NaCl 复合物,并且发现这些复合物具有很高的水反应活性,在室温下可以与水快速发生反应。NaCl 和 Zn(Ga)的加入有助于提高 Al 的反应活性。添加剂 Zn(Ga)可以将 Al-In 合金的负电位

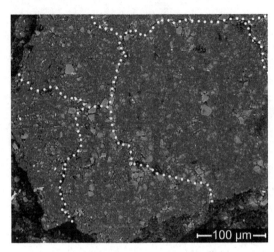

图 1-1　Si/PTFE 复合颗粒横截面的扫描电镜背散射电子图像[48]

从 1.1 V 提高到 1.5 V。活化后的 Al-In-Zn-NaCl 复合物在水中的最大产氢体积可以达到 1 035 mL/g。此外,该复合物还可以供给微型燃料电池使用。

Wu 等人[50]将铝和 Li$_3$AlH$_6$ 粉末进行球磨,成功地制备了一种新型的能够快速制备氢气的活性铝材料。所制备的 Al-Li$_3$AlH$_6$ 活性铝复合物比纯 Al 粉具有更高的产氢体积。在室温条件,其产氢效率可以达到 92.8%,产氢体积可以达到 1 513.1 mL/g。

Huang 等人[51]通过球磨法制备了一系列 Mg 与金属氧化物的复合物,得到不同金属氧化物对 Mg 的水解性能的增强顺序为:MoO$_3$>Fe$_2$O$_3$>Fe$_3$O$_4$>TiO$_2$>Nb$_2$O$_5$>CaO。其中,Mg-MoO$_3$、Mg-Fe$_3$O$_4$ 和 Mg-Fe$_2$O$_3$ 活性镁复合物具有较高的水解反应速率,复合物 0.5%MoO$_3$ 的产氢效率可以达到 85.1%。5%MoO$_3$ 复合物在 10 min 内的产氢体积为 888 mL/g,产氢效率可以进一步提高到 95.2%。过渡金属的价态在 Mg 的水解过程中也起到了重要的作用,过渡金属的价态越高,催化水解反应的效果越好。随着铁的价态从 Fe(0)增加到 Fe(Ⅱ*Ⅲ)和 Fe(Ⅲ),Mg-0.5% 的氧化铁活性镁复合物的产氢效率从 80.3% 分别增加到 80.6% 和 82%。

Du Preez 等人[52]通过高能球磨法制备了一系列高反应活性的三元 Al-Sn-In 活性铝复合物,并且在去离子水中研究了它们的水反应性能。通过扫描电子显微镜分析发现,Sn 和 In 可以通过球磨过程分布在铝颗粒的表面以及粒子内部。表面上的金属 Sn 和金属 In 可以破坏铝的保护性氧化层,同时位于 Al 颗粒表面和内部的 Sn 和 In 可以促进 Al 和 Sn/In 之间的电化学活性。

Gaurav 等人[53]用聚四氟乙烯(PTFE)对铝粉进行了机械活化,发现所制备的活性铝呈现出片状结构,并且具有比较大的比表面积(22.5 m²/g)。通过测试发现,这种机械活化的铝复合物可以很好地替代固体推进剂中使用的常规铝粉,用这种机械活化的铝复合物所制备的固体推进剂的燃烧速率高于非活化的铝粉制备的推进剂的燃烧速率。他们还认为,由于所制备的铝复合物具有较大的比表面,所以其中的铝可以与 PTFE 发生氟化反应;同时,与未活化的铝复合物相比,使用该复合物可以显著地减少推进剂中铝残渣的含量。

Razavi-Tousi 等人[54]将纯铝粉进行球磨,研究了球磨时间对铝粉形貌以及铝和水反应性能的影响。研究结果表明,球磨不仅可以有效地减小铝颗粒的尺寸,还可以在复合物粒子内部引入新的表面,当球磨时间超过最优条件时,颗粒内部的层状结构就会消失。他们发现,铝粒子内部的层状空间结构可以有效地促进铝粒子的水反应性能,但长时间的球磨会使铝粒子内部层状结构消失,从而降低铝粉的产氢效率。

Awad 等人[55]研究了石墨和碳纤维以及过渡金属 Ni、Fe、Al 和氧化物 Nb_2O_5 和 V_2O_5 对镁水的反应性能,通过机械球磨法分别制备了 Mg-10%X(X 代表石墨、过渡金属和氧化物)复合物,发现添加了石墨的复合物 Mg-10%C 有最佳的水解性能,3 min 内该复合物就可以完全地反应并生成理论产氢量的 95 %。

Umbrajkar 等人[56]采用球磨法制备了 $Al\text{-}MoO_3$ 复合物,发现所制备的 $Al\text{-}MoO_3$ 复合物呈现出片状形貌,并且复合物粒子的粒径相较于原始铝粉减小。与纯铝粉相比,$Al\text{-}MoO_3$ 复合物有更高的反应活性,其放热量以及增重量都高于纯铝粉。

1.3.2　气体雾化法

气体雾化法是利用高压气流(空气、惰性气体)击碎熔融的液态金属或合金使其直接破碎成直径小于 150 μm 的细小液珠,冷凝而形成粉末。这种方法可以用来直接制取多种金属粉末和各种合金粉末。众多研究发现,气体雾化法所制备的铝合金粉末也具有较高的反应活性[57-60]。

Wang 等人[61]使用气体雾化法制备了由 Al-10%Bi-10%Sn 组成的新型自组装铝合金粉,同时研究了该粉末粒子的形貌和水解性能。图 1-2 所示为 Al-10%Bi-10%Sn 复合物粒子的 SEM 图像。研究结果表明,该铝复合物粒子具有独特的核/壳微结构,且粒子表面上具有裂纹,Bi 和 Sn 两种金属分布在 Al 的晶界上。研究发现,该铝合金粉末具有良好的抗氧化性,在低至 0 ℃的温度下依然可以与蒸馏水剧烈反应。在 30 ℃反应条件下,铝合金粉末在 16 min 内与水发生反应的产氢效率可以达到 91.30%。

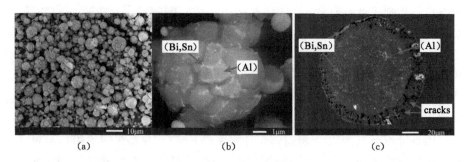

图 1-2　Al-10％Bi-10％Sn 复合粒子的 SEM 图像[61]

Wang 等人[62]通过闭环气体雾化法制备了硼含量为 1.5％～4.85％、Eu 含量为 3％的 Al-B-Eu 三元金属粉末。他们通过 XRD、SEM、TG-DTA 表征和氧弹试验,分别分析了该金属合金的相组成、形貌、热氧化行为和燃烧放热性能。研究结果表明,该粉末中存在 Al、AlB$_2$、Al$_4$Eu 和 B$_6$Eu 相。当 Eu 含量固定时,随着硼含量的增加,Al-B-Eu 合金粉末的燃烧焓值先增大然后减小。此外,在 3.0 MPa 的氧气气氛下,Al-3.5％B-3.5％Eu 三元合金粉末的最大燃烧焓为 33.3 kJ/g,与铝粉的理论燃烧焓（31.1 kJ/g）相比,大约增加了 11％。同时,Al-3.5％B-3.5％Eu 在 1 110 ℃处会发生剧烈的氧化放热现象,氧化增重达到 53.7％,是铝的 1.7 倍左右。

Zhang 等人[63]用气体雾化法制备了 Al-3％Li 合金粉末,并且利用液相沉积法在其表面涂敷上一层纳米铁膜,最终通过一系列测试方法对样品进行了研究,研究结果表明,与纯 Al 粉相比,Al-3％Li 合金粉末和 Fe-Al-3％Li 复合粉末可以显著地改善铝的热反应性能,其氧化增重值和最大放热量都有明显提升。此外,经过两个月的老化试验,Al-3％Li 合金粉末的放热衰减和氧化增重的衰减率分别为 31.5％和 7.4％,而相应的 Fe-Al-3％Li 复合粉末的衰减率则为 10.6％和 3.7％。同时,随着老化时间的增加,未包覆的 Al-3％Li 合金粉末的质量燃烧焓迅速降低,而包覆的合金粉末的质量燃烧焓基本保持稳定。

Hu 等人[64]用气体雾化法制备了 ZrAl$_3$-Al 复合物。研究结果表明,锆的添加可以使粉末内部形成特殊结构,从而可以促进 ZrAl$_3$-Al 复合燃料的燃烧。ZrAl$_3$-Al 复合物主要由 Al 相和 ZrAl$_3$ 相组成。随着 Zr 含量的增加,ZrAl$_3$-Al 复合物的放热温度相较于纯铝粉升高,并且氧化增重相较于纯铝粉也增加。研究结果表明,Zr 含量对铝的燃烧焓值有很大的影响,当 ZrAl$_3$-Al 复合物中 Zr 含量为 53％时,ZrAl$_3$-Al 复合燃料的体积燃烧焓为 80.6 kJ/cm^3。与纯铝粉相比,ZrAl$_3$-Al 复合物具有更高的密度、更低的氧化温度、更大的氧化增重、更快的氧化速率和更完全的燃烧的特点。

1.3.3 包覆法

包覆法是利用无机物或者有机物分子中的官能团在无机粉体表面的吸附或化学反应对颗粒表面进行包覆的方法。包覆法通常可以有效地改变铝粉表面的性质,以达到提升铝粉反应活性的目的[65-70]。

Wang 等人[71]使用原位化学气相沉积结合电爆炸法制备了具有核-壳结构的 PTFE 包覆铝的纳米颗粒。研究结果表明,PTFE 外壳不仅可以防止纳米铝的氧化,还有助于增强铝的反应动力学,从而大大提高燃料的稳定性和反应性。通过控制前驱体的化学计量比,可以方便地调节 PTFE 壳的形貌,所得到的活性铝复合物显示出比其物理混合的 Al-PTFE 更好的反应活性。

Shahravan 等人[72]通过化学气相沉积法在 80 nm 的铝颗粒上沉积了三种有机物(异丙醇、甲苯和全氟萘烷),分别在纳米铝粒子表面上形成了厚度为 5～30 nm 的薄膜。他们还发现,将这三种有机物沉积在铝粒子表面上可以有效地防止铝粒子与空气中的氧气和水蒸气之间的反应,从而保护内部的活性铝。这三种粒子的抗氧化性排序为:异丙醇<甲苯<全氟萘烷。全氟萘烷包覆的样品具有最好的抗氧化性能,还可以和铝粉燃烧产生最大的燃烧焓值($\Delta H = 4.65$ kJ/g)。

Du 等人[73]使用化学液体沉积法制备了铁包覆铝的复合颗粒。研究结果表明,具有纳米级的铁层可以均匀地覆盖在微米级的铝粒子表面,形成具有核-壳结构的 Fe-Al 复合颗粒。Fe-Al 复合颗粒相较于纯铝粉具有更高的能量释放率,并且其氧化增重也会大幅度增加。Fe-Al 复合颗粒中铁的涂覆可以有效地降低氧化起始温度和放热峰温度。Fe-Al 复合颗粒的反应性相较于铝粉显著增强,放热更集中且强度更高,可以有效地提升铝的燃烧性能。

Lv 等人[74]采用溶剂蒸发法制备了 Al-HTPB 复合颗粒。研究结果表明,Al-HTPB 复合颗粒具有核-壳结构,HTPB 存在于 Al 纳米颗粒的表面,平均厚度仅为 3 nm,并且不影响 n-Al 的结构。TG 和 DSC 分析的结果表明,Al-HTPB 复合颗粒在空气环境下是稳定的。燃烧性能测试表明,与添加纳米 Al 粉和微米 Al 粉相比,向固体推进剂中添加 Al-HTPB 复合粒子可以显著改善其燃烧性能。

Kim 等人[75]将聚四氟乙烯(PTFE)薄膜均匀地涂覆到铝粒子表面上,如图 1-3 所示,所制备的 PTFE-Al 粒子显示出球形 Al 粉的微观结构,而该球形 Al 粒子被 PTFE 均匀地包覆着。在 25～1 450 ℃ 范围内,DSC 数据显示 PTFE-Al 粉末的放热量为 4.80 kJ/g,而纯铝粉的放热量只有 0.88 kJ/g。

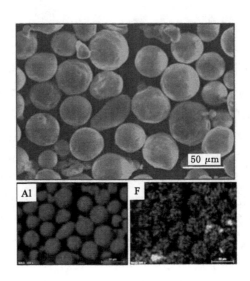

图 1-3　包覆法制备的 PTFE/Al 粒子的 SEM 图像 EDS 面扫描图[75]

Wang 等人[76]提出了一种有效铝表面自活化策略,可以显著地提高纳米铝基高能材料的燃烧性能和能量输出。他们通过全氟十二烷酸与 Al_2O_3 致密层之间的蚀刻反应,在纳米 Al 颗粒的表面上形成多孔 AlF_3 壳。AlF_3 多孔壳为 Al 和氧化剂的反应提供了新的反应通道,从而显著地提高能量输出和燃烧反应动力学。包覆 $C_{11}F_{23}COOH$ 的聚四氟乙烯/纳米铝的复合物的能量输出和燃烧反应速度分别为 6 304 J/g 和 670 m/s,分别是 PTFE-nano Al 的 3.0 倍和 2.6 倍。

Kappagantula 等人[77]分别将全氟十四烷酸(PFTD)和全氟癸二酸(PFS)包覆在铝粒子表面,然后将包覆后的铝复合物与三氧化钼混合形成铝热剂,并且测试了它们的燃烧性能。研究结果表明,包覆有全氟十四烷酸的铝粒子与三氧化钼形成的铝热剂比纯铝粉与三氧化钼形成的铝热剂的火焰传播速度高 86%,而全氟癸二酸包覆铝与三氧化钼结合的铝热剂的火焰传播速度则是 $Al-MoO_3$ 的50%,这主要是由于 Al-PFTD 的结构在空间上有更大的位阻,并且表现出较低的化学键解离能,其化学作用可提高火焰速度。因此,可以通过不同表面修饰物来控制 Al 粉的反应活性。

Ye 等人[78]通过溶剂-非溶剂法将酚醛树脂、氟橡胶和紫胶分别包覆在纳米 Al 粒子表面,并且在表面上形成了厚度为 5～15 nm 的薄膜。研究发现,氟橡胶涂层对纳米 Al 颗粒具有更好的活性保护作用,在室温和 50% 相对湿度下保存约 8 个月后,被包覆的铝颗粒中的活性铝含量高于纯铝粉中的活性铝含量。此外,TG-DSC 分析结果表明,酚醛树脂、氟橡胶和紫胶包覆的 Al 颗粒的能量释放速率大于纳米 Al 颗粒的能量释放速率。他们还发现,由紫胶包覆的纳米 Al 粒子对高氯酸铵(AP)的热分解具有良好的催化作用。

Zeng 等人[79]通过原位接枝高能缩水甘油叠氮化聚合物(GAP)对铝粒子表面进行修饰,制备了具有核-壳型结构的 Al@GAP 纳米粒子。研究结果表明, GAP 可以通过 TDI 接枝形成—O—(CO—NH)—键,通过调节添加物的比例可调节铝粒子表面 GAP 的厚度。铝粒子与水的接触角从未包覆的 20.2°提高到了 GAP 接枝包覆后的 142.4°,使铝粒子表面由亲水性变为疏水性,而且铝粒子在空气及水中表现出良好的抗氧化性。Al@GAP 与氟化物的反应比纯铝粉与氟化物的反应产生更剧烈的放热现象,并且具有更高的热释放速率。

1.3.4　合金化法

合金化法是指将两种或两种以上的金属与金属或非金属经过一定方法合成的具有金属特性的物质,一般通过熔合成均匀液体然后凝固而得到。大量研究表明,通过将铝与其他金属形成合金,可以大幅度提升其水反应性能[80-84]。

Yang 等人[85]制备了不同热处理条件下的 Al-Mg-Ga-In-Sn 合金,并且研究了它们在水中的产氢性能以及电化学性能。研究结果表明,氢气产生的诱导时间主要取决于复合物腐蚀的初始反应以及 Ga 或 Ga-In-Sn 相的形成。当样品在 500 ℃的温度下退火 9 h 并在 70 ℃的温度下进行水解反应时,可以获得最大的水解反应速率。在电化学测试中,在 500 ℃的条件下退火 9 h 时,其腐蚀电位也最大。

He 等人[86]使用电弧熔化技术制备了含 Ti 的铝合金,使用 XRD 和 SEM/EDX 研究了它们的微观结构。研究结果表明,当 Ti 含量较低时,Al 晶粒为柱状,但当 Ti 含量增加时,Al 晶粒细化为等轴晶状。随着 Al 晶粒的细化, Ga-In-Sn 相的粒径逐渐减小。同时,他们还研究了在不同水温下的铝合金的水反应性能。研究结果表明,当铝合金中含有很少的 Ti 时,Ti 会阻止铝水反应并降低产氢效率。但是,随着合金中 Ti 含量的增加,Al 与水的反应速率开始增加,并且产氢效率也有所增加。

Chang 等人[87]通过高压扭转法制备了 Al-Bi 合金和 Al-Bi-C 活性铝复合物,他们发现所制备的 Al-30%Bi-10%C 复合物中 Al 和 Bi 可以用纳米级水平彼此混合,如图 1-4 所示。同时,他们还研究了其水解产氢性能,发现将 Bi 添加到 Al 中可增强原电池作用并促进点腐蚀反应,以及将石墨添加到 Al 中可以加速复合物粒子的破裂并增加其反应活性,所制备的 Al-30%Bi-10%C 复合物在水中的产氢速率高达 270 mL/(min·g)。

Wei 等人[88]通过熔铸法在高纯氮气氛下制备了含铜元素的

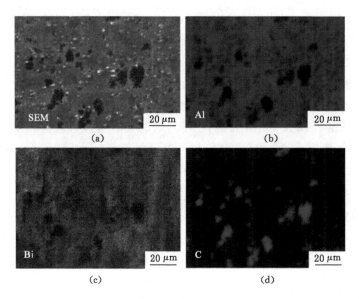

图 1-4　合金法制备的 Al-30％Bi-10％C 粒子的 SEM 图像及 EDS 能谱图[87]

Al-Ga-InSn₄-Cu 五元合金,在所制备的合金中发现了 Al(Ga)固溶体和金属间化合物。同时,他们还发现了 InSn₄、Al(Cu)固溶体和单质 Cu,并且单质 Cu 附着在 Al(Ga)固溶体和 InSn₄ 的表面。Al-Ga-InSn₄-Cu 合金的产氢体积和产氢速率均表现出比合金 Al-Ga-InSn₄ 更好的水反应性能。另外,Cu 的加入可以阻止 Al 晶粒生长,并且可以使 Al(Ga)固溶体破裂,使合金在水反应过程中的比表面积增加,所以在合金中添加 Cu 之后,其水反应性能提升。

Liu 等人[89]制备了 Al-Li-Sn 合金,测试了其水反应活性,经过优化的 Al-10％Li-5％Sn 合金在 298 K 的条件下,30 min 内产氢体积达到 1 329 mL/g,产氢效率为 100 ％,且氢气的生成速率可以控制。随着 Li 以及 Li/Sn 含量的增加,产氢体积和产氢速率可以快速提升。这主要是由于在球磨过程中有 AlLi 和 Li₁₃Sn₅ 相分布到 Al 基体中,而这些相可以充当初始反应中心,在水解过程中促进 Al 的水解。铝基体中的 AlLi 可以与水反应生成 LiOH,它是 Al 水解的良好促进剂,同时 Al-Li₁₃Sn₅ 可以在水中形成 Al 和 Sn 及 Li 和 Sn 之间的原电池反应,从而加速铝的电化学腐蚀作用。

Du 等人[90]通过传统的铸造冶金方法制备了 Al-Ga-In-Sn 合金,并且添加了不同的 Al-5％Ti-1％B 晶粒细化剂。他们发现,当 Ti 含量从 0.03％增加到 0.24％时,合金中的 Al 晶粒从 129 μm 显著细化到 57 μm;同时,可以在铝晶粒中观察到许多厚度为几微米的细树枝状晶体。Ti 含量为 0.12％的合金在不同水温下显示出最大的产氢速率,其值是不含 Ti 合金的 5 倍以上。随着 Ti 含量从 0.03%增加到 0.12%,产氢速率逐渐增加,当 Ti 含量增加到 0.24%时,产氢效率却降低。这主要是由于 Ti 原子占据了 Al 与水的接触面,阻碍了 Al 与水的反应。

1.4　铝与水的反应性能研究

铝与水的反应,在不同温度下会发生不同的化学反应,式(1-1)至式(1-3)为铝在不同温度下与水反应的反应方程式。在 20～280 ℃条件下,铝和水反应后生成氢气和 Al(OH)$_3$;在 280～480 ℃条件下,铝和水蒸气反应生成氢气和 AlOOH;在高于 480 ℃以上的温度下,铝直接和水蒸气燃烧生成氧化铝以及氢气[91]。从上述结果可以看出,无论铝与何种形态的水发生反应,都会反应放出大量的能量,同时氢气本身的燃烧也会放出大量的热量,所以提升铝与水的反应活性对提升水中兵器能量具有重大的意义。此外,铝与水反应也衍生出一种新型的快速产氢方法,可以简便快速且高效地获取氢气。

$$2Al+6H_2O == 2Al(OH)_3+3H_2 \quad \Delta H=16.3 \text{ MJ/kg}（20～280 ℃） \quad (1\text{-}1)$$
$$2Al+4H_2O == 2AlOOH+3H_2 \quad \Delta H=15.5 \text{ MJ/kg}（280～480 ℃） \quad (1\text{-}2)$$
$$2Al+3H_2O == Al_2O_3+3H_2 \quad \Delta H=15.1 \text{ MJ/kg} \quad （480 ℃以上） \quad (1\text{-}3)$$

但是,由于铝粉具有核心为铝、外壳为氧化铝的核壳结构,表层的氧化铝本身不会和水发生反应,导致铝与水的反应变得困难。为了提升铝的水反应活性,国内外研究人员开展了大量关于铝水反应的研究工作[92-96]。

1.4.1　铝与常温水反应产氢的研究进展

由于铝表面存在致密的氧化膜,常温条件下无法与水直接发生反应。为了提升铝与常温水的反应性能,国内外科研人员相继开展了大量研究工作[97-99]。研究发现,通过破除铝粒子表面的氧化膜可以有效地提升铝与水反应的活性[100-102],使得无法在常温条件下与水反应的铝粉可以快速发生水解反应。

Huang 等人[103]采用汞或锌汞齐作为催化剂来促进铝的水解反应。研究结果表明,在汞或锌汞齐存在的情况下,在室温下铝即可发生水解反应。当铝表面涂敷有锌汞合金时,铝复合物在 65 ℃条件下的最大产氢速率为 43.5 cm^3/(h·cm^2)。他们还发现,由锌汞齐引发的铝水解反应的活化能值为 74.8 kJ/mol,而涂有汞的铝水解活化能值更低,仅为 43.4 kJ/mol。

Jia 等人[104]将 Ni、NaCl 和 Al 进行球磨,研究了 Al-Ni-NaCl 复合物的水反应产氢性能。研究结果表明,通过改变 Ni/Al 的质量比,可以明显地缩短复合物水反应的诱导时间,改善其在水中的产氢性能。NaCl 含量的增加会增加水溶液的导电性,从而增加其产氢体积,同时还可以在球磨过程中有效地减小 Al-Ni-NaCl 复合物粒子的粒径。通过将 NaCl 的质量分数从 19% 增加到 24%,其腐蚀电流显著增加,在 400 min 内产生的氢气体积从 1 158 mL/g 增加到 1 241 mL/g。

Deng 等人[105]使用了三种不同的改性剂 γ-Al_2O_3、α-Al_2O_3 和 TiO_2 来改性 Al 颗粒表面,研究了不同的改性剂对铝粉与水反应产氢性能的影响。他们发现不同的改性剂对 Al 与水的反应动力学具有不同的影响。使用 γ-Al_2O_3 改性的 Al 粉的产氢时间明显短于使用 α-Al_2O_3 和 TiO_2 改性的 Al 粉,这主要是由于它们在反应开始时的诱导时间不同。他们还认为,由于 Al 颗粒上的表面氧化膜的强度与疏松的 γ-Al_2O_3 相近,因此 γ-Al_2O_3 改性的 Al 粉在 Al 与 Al_2O_3 界面的氢气气泡中具有较低的临界气体压力,从而缩短了铝与水反应的诱导时间。

du Preez 等人[106]通过球磨法制备了一系列三元 Al-Bi-Sn 活性铝复合物,发现 Bi 和 Sn 在球磨过程中可以有效地破坏铝粒子的结构,从而可以使制备的铝复合物的粒径减小。他们还发现,Bi 和 Sn 可以相对均匀地分布在整个 Al 颗粒上,从而可以在铝粒子水反应过程中促进阳极 Al 和阴极 Bi/Sn 之间的电腐蚀反应。所制备的 Al-Bi-Sn 活性铝复合物的产氢效率可以达到 95 %。同时,使用 H_2SO_4 和 HNO_3 可以从复合物的水解产物中部分回收金属 Bi 和 Sn。

Xu 等人[107]通过球磨 Al 和 $NaMgH_3$ 粉末制备了一种用于产氢的新型 Al-$NaMgH_3$ 活性铝复合物。研究结果表明,$NaMgH_3$ 的加入可以明显地增强 Al 的化学活性。随着 $NaMgH_3$ 含量的增加,复合物的产氢性能增加。通过优化条件下制备的 Al-$NaMgH_3$ 复合物,其产氢体积和效率分别为 591.5 mL/g 和 42.9%。在 Al-$NaMgH_3$ 中继续掺杂 Li_3AlH_6 和 Bi,可以明显地改善铝复合物的产氢性能,使复合物 Al-$NaMgH_3$-Bi-Li_3AlH_6 的产氢体积和产氢效率分别提高到 1 379.8 mL/g 和 100%。研究发现,通过掺杂 $NaMgH_3$ 可使 Al 颗粒内部的 Al 暴露出来,可以降低铝水反应的表观活化能;同时,由于 $NaMgH_3$ 本身也可以与水反应生成氢气,因此 $NaMgH_3$ 复合物可以有效促进铝的水解反应。

Razavi-Tousi 等人[108]铝粉与不同质量分数的水溶性盐(NaCl 和 KCl)进行球磨,测试了制备得到的铝复合物的水反应产氢性能。研究结果表明,铝微观结构中水溶性盐的存在可以提高铝的产氢性能。在球磨过程中,可溶性盐会覆盖铝颗粒表面,嵌入铝基体之中。在铝粒子和水的反应过程中,水溶性盐会溶解在水中,使得铝粒子内部留下许多空隙和通道,可以使水渗透铝颗粒内部,增加其水反应速率。他们还发现,使用不同的水溶性盐(KCl 或 NaCl)会导致产氢速率的不同。

Liu 等人[109]将金属 Al 与 CaH_2 进行球磨,研究了反应温度和球磨条件对铝产氢性能的影响。他们发现,随着 CaH_2 的添加量和球磨时间的增加,Al 的晶粒尺寸逐渐减小,Al 粉表面上的保护性氧化膜被破坏;同时,CaH_2 的水解也有助于破坏 Al 粒子中晶粒的结构,水解出的 OH^- 也可以增加 Al 的腐蚀作用。所以,CaH_2 的加入可以有效地加速铝的水解反应。球磨 15 h 的 Al-10%CaH_2 复合物的产氢效率和最大产氢速率分别为 97.8% 和 2 074.3 mL/(min·g)。

Chen 等人[110]通过球磨法制备了新型的 Al-15%$Bi_2O_2CO_3$ 复合物,并且研究了该复合物的水解性能。研究结果表明,Al-15%$Bi_2O_2CO_3$ 复合物的水解反应诱导时间约为 10 s,具有良好的水解性能。通过 Arrhenius 公式计算,Al-15%$Bi_2O_2CO_3$-5%NaCl 和 Al-15%$Bi_2O_2CO_3$-5%$AlCl_3$ 复合物的活化能仅为 9.43 kJ/mol 和 6.87 kJ/mol。

Fan 等人[111]制备了一种活化的 Al-Li-Bi 合金。该合金在 298 K 时展示出良好的水解性能,经过条件优化后所制备的复合物的产氢效率可以达到 100 %,最大产氢速率达到 988 mL/(min·g)。这些值远高于在相同条件下用纯铝和水反应得到的值。他们认为,Li 含量较高的铝合金具有较大的比表面积和较小的晶粒尺寸,可以提升铝的水反应活性。XRD 和 SEM 分析表明,$BiLi_3$ 的形成有利于铝的微原电池作用的形成,可以有效地改善合金的水解性能。

Huang 等人[112]通过球磨法制备了具有核壳结构的铝/石墨活性铝复合物。他们发现,添加石墨可以显著提高铝在水中的反应活性,所制备的 Al/石墨活性铝复合物可以在低于 45 ℃ 的温度下与水反应。对于加入 23% 石墨的活性铝复合物,大约 76.5% 的 Al 可以在 6 h 内与水反应生成氢气。他们还发现,通过提高反应温度可以获得更高的产氢速率,当反应温度升高至 75 ℃ 时,复合物的最大产氢速率可以达到 40 mL/(min·g)。

Narayana 等人[113]将厚度为 15~100 μm 的铝箔与氯化钠通过高能球磨法制备的粉末可以与热水发生反应,释放出氢气。他们用冷水或甲醇将 NaCl 洗净后,剩下的 Al 粉仍然可以保持较高的反应活性;他们还将所得粉末与去离子水进行水解反应,并且研究了 35~80 ℃ 温度范围内该粉末的水解性能,发现所制备的复合物有较低的表观活化能,即(63.1±3.1)kJ/mol。

1.4.2　铝与高温水蒸气反应的研究进展

由于水反应金属燃料中的大量金属铝需要与水发生二次燃烧反应,其绝大部分的能量靠金属铝与高温高压的水蒸气反应来释放,所以铝与水蒸气之间的反应也受到了广泛关注[114-115]。

Zhu 等人[116]在 800 ℃、900 ℃ 和 1 000 ℃ 的水蒸气中向微米级铝粉中添加了各种含量的氟化钠,以研究其对铝粉点火和燃烧性能的影响。研究结果表明,向微米级铝粉中添加氟化钠可以降低铝粉的点火延迟时间和点火温度。通过分析燃烧产物,发现在不同温度下添加了 NaF 的微米铝粉的燃烧产物中会形成 $NaAl_{11}O_{17}$,而 $NaAl_{11}O_{17}$ 的形成可以改变铝粒子的表面结构,粒子表面会产生针状结构。此外,还发现微米铝粉的燃烧效率也会随着 NaF 含量和温度的增加而显著提高。

Zhu 等人[117]还研究了 KBH_4、AP 和 NaCl 三种添加剂对水蒸气中纳米铝粉的点火和燃烧性能的影响,发现 KBH_4、AP 或 NaCl 的添加对纳米铝粉的点火和燃烧温度有一定影响。一方面,KBH_4 的最佳添加含量(3%)可改善水蒸气中纳米铝粉的点火和燃烧性能,添加了 3% KBH_4 的纳米铝粉有较高的燃烧温度(1 404 ℃)和较低的点火温度(428 ℃);另一方面,纳米铝粉的点火温度和最高燃烧温度均随着 AP 或 NaCl 含量的增加而降低。

Huang 等人[118]研究了金属 Mg、Al-Mg 合金和 Al 粉在高温水蒸气中的反应性能。他们通过 XRD 分析了固体燃烧产物,测定了产物中的残余金属铝含量和点火延迟时间。研究结果表明,Mg 和 Al-Mg 合金粉末可以在 600 ℃的水蒸气中点火并燃烧。但是普通铝粉即使在 900 ℃的条件下也无法发生点火现象,而且 Al-Mg 合金粉的点火延迟时间比 Mg 粉的点火延迟时间更短。在 900 ℃条件下,Al-Mg 合金粉中未反应的 Al 含量(13.9%)比普通 Al 粉中的未反应 Al 含量(82.2%)要低得多。他们还分析了 Al-Mg 合金粉在 600 ℃的燃烧历程,首先合金中的 Mg($Al_{12}Mg_{17}$)可以与水反应形成氢氧化镁,合金中的其余 Al 和 Mg 形成新的合金相;然后新合金相中的镁继续参与反应,形成氧化镁;最后发生点火反应,Al-Mg 合金粉中的铝与水蒸气发生反应,形成 Al_2MgO_4。

Shi 等人[119]研究了铝粉和硼氢化钠混合物在水蒸气气氛中的反应性能,揭示了硼氢化钠对铝粉的燃烧促进作用和机理。研究结果表明,硼氢化钠的加入可以显著提高铝粉在水蒸气中的氢气生成效率,$Al-H_2O$ 反应的效率可以从 20% 提高到 80% 左右。$Al-NaBH_4$ 混合物的起始反应温度可以降低到 260 ℃,并且测得铝粉的反应效率约为 90 %。

Yang 等人[120]将 20 % 含量的 Mg、Li、Zn、Bi 和 Sn 作为添加剂添加到铝粉中,研究了高温条件下铝与水蒸气的反应。他们发现,Mg 和 Li 可以有效地促进铝与高温水蒸气的反应,但是 Zn、Bi 和 Sn 的加入却对铝和水蒸气的反应影响较小。其中,Al-20% Li 与水蒸气反应速率最大,最大产氢速率可以达到 309.74 mL/(s·g),最大产氢体积达到 1 038.9 mL/g。

1.5 活性铝复合物中的催化剂的种类及研究进展

1.5.1 低熔点金属

低熔点金属(如 Sn、In、Bi、Ga、Hg、Li 和其他金属)已经被证明可改善铝的水解反应性能,它们可以通过自身或相应形成的合金与铝形成原电池反应来加速铝的水解反应[121-122]。Fan 等人[123]通过球磨法制备了 Al-16%Bi 合金,在 1 mol/L 的 NaCl 溶液中该复合物的产氢效率可以达到 92.75%(产氢体积为 970 mL/g)。Al-Bi 合金的水解反应机理基于阳极(Al)和阴极(Bi)之间形成的原电池化学反应以及反应介质中离子的导电性。他们还发现,添加 Sn 和 Bi 可以有效改善铝的水解性能,并且 Bi 的催化作用优于 Sn。Sn、Ga 和 In 的加入会降低 Al-Bi 合金的水解反应速率,但是 Zn 的加入会加快 Al-Bi 合金的水解反应速率[124]。du Preez 等人[125]制备了一种三元 Al-Bi-Sn 活性铝复合物,即在水解反应过程中,阳极 Al 和阴极 Bi/Sn 之间持续的原电池反应可以促进三元活性铝复合物的水解。

金属镓和汞在室温下呈液态,可直接腐蚀铝粉表面的氧化层,从而加速铝的水解反应[126]。Huang 等人[127]通过在铝表面添加汞合金或锌合金,可以使铝在 65 ℃ 下自发地发生水解反应,其中铝的最大产氢速率可以达到 43.5 cm^3/(h·cm^2)。当汞或锌合金与铝结合时,铝会与汞反应形成腐蚀点位,从而有效地破坏铝粉表面的氧化层。在反应过程中,铝会逐渐地溶解在汞中,当汞中的铝移动到汞/水界面时,铝会迅速与水反应生成氢气。Tan 等人[128]报道了 Ga 基液态金属合金(Ga、共晶镓锌合金、GaSn10 和 GaIn10)对铝水解反应的影响,发现 GaSn10 比纯 Ga 具有更高的催化反应效率。Fan 等人[129]研究了氯化钠和某些金属对 Al-Hg 和 Al-In 合金水反应性能的影响。他们还发现,添加镉可降低 Al-Hg 合金的水反应活性,而添加锌可以提高 Al-In 合金的水反应活性。

Zhao 等人[130]制备了可与水反应生成氢气的 Al-Ca 合金。发现在 Al-Ca 合金中加入 NaCl 可以进一步提高 Al-Ca 合金的产氢效率。Yang 等人[131]研究了高温条件下 Mg、Li、Zn、Bi 和 Sn 对铝水解反应的影响,其中 Mg 和 Li 可以有效地加速铝粉在高温条件下的水反应速率。但 Zn、Bi 和 Sn 对铝的水解反应速率影响不大。其中,Al-20%Li 的产氢速率最大,可达 309.74 mL/(s·g),同时产氢体积也可达 1 038.9 mL/g。

Wang 等人[132]发现,对于 Al-Ga、Al-In、Al-Sn 和 Al-Ga-Sn 合金,当合金中的低熔点金属的含量小于合金质量的 10% 时,铝合金在室温下不能发生水解反应。然而,相应的三元 Al-Ga-In 和 Al-In-Sn 合金可以在室温下与自来水发生反应。与三元活性铝复合物相比,四元的 Al-Ga-In-Sn 合金与水反应的活性相较于三元合金进一步提升。Fan 等人[111]制备的 Al-Li-Bi 合金能在 298 K 下与水快速发生反应,且活性铝复合物的产氢体积可达 1 340 mL/g,最大产氢速率可达 988 mL/(min·g);同时,还发现 Al-Li-Bi 合金优异的水反应性能主要归因于反应过程中 $BiLi_3$ 的形成[111]。

1.5.2 其他金属添加剂

Liang 等人[133]发现,Fe、Co 和 Ni 可以与 Al 发生原电池反应而降低 Al 的腐蚀电位并增加腐蚀电流来促进铝-水反应。Al-Co 体系的产氢体积可达 970 mL/g。Wang 等人[134]研究了 Co-Fe-B 对铝水反应的促进作用,发现水解反应过程中由于形成了 Fe/Al、Co-Fe-B/Al 和 Co-Fe-B/Fe 等原电池反应,活性铝复合物水反应的诱导时间明显缩短,产氢体积增加。Jia 等人[135]利用 Ni 和 Al 制备得到了 Al-Ni 活性铝复合物,发现活性铝复合物在水解反应中会形成 Al/Ni 原电池反应。通过改变 Al-Ni 的比例,铝水反应的产氢体积将从 720 mL/g 增加到 1 170 mL/g。Chen 等人[136]在 Al 中加入 Li,制备了一种含 Li 的活性铝复合物,发现随着 Li 含量的增加,产氢率也随之增加,且在活性铝复合物中加入 NaCl 可进一步提高活性铝的产氢效率和产氢体积。Luo 等人[137]制备了一种 Al-13%Ce 活性铝复合物,其产氢体积和产氢效率分别为 1 134 mL/g 和 92.42%。在 Al-Ce 活性铝复合物中添加碱金属氯化物(NaCl 或 KCl)可进一步提高产氢效率。

1.5.3 盐类添加剂

盐类添加剂可以明显地改善活性铝复合物的水反应活性。对于球磨法制备的含盐类添加剂的活性铝复合物,盐可以调节活性铝复合物的粒径。Alinejad 等人[138]通过球磨铝粉和 NaCl 制备得到了纳米铝粉。研究结果发现,活性铝复合物的粒度随着 NaCl 含量的增加而逐渐减小。NaCl 在水解反应过程中会逐渐溶解于水中,从而形成新的铝表面,使水可以迅速地渗透铝粒子中并增加铝的水解反应,同时盐的浓度也会影响活性铝复合物的水解反应性能。Chai 等人[139]研究了 $CoCl_2$ 和 $NiCl_2$ 对铝水解反应的影响,发现随着 $NiCl_2$ 浓度从 1 mol/L 增加到 2.5 mol/L 时,活性复合物的产氢体积呈线性增加。

Sun 等人[140]研究了 NaCl、Na_2CO_3 和 NaCl/Na_2CO_3 对 Al 的水解反应特征和动力学的影响,发现 Na_2CO_3 的加入能够显著地改变铝的水反应机理。Narayana 等人[141]通过球磨厚度为 15~100 μm 的铝箔和氯化钠制备了活性铝复合物,该复合物能与热水反应并释放出氢气。用冷水或甲醇洗涤活性铝复合物的氯化钠后,剩余的铝粉仍能保持较高的反应活性。Irankhah 等人[142]研究了 NaCl、KCl 和 BaCl₂ 对铝水解反应的促进作用,发现与 NaCl 和 KCl 相比,BaCl₂ 能显著缩短铝水解反应的诱导时间[142]。Mahmoodi 等人[143]观察到在球磨的铝复合物中盐可以覆盖在铝颗粒的表面上,并防止铝的二次氧化。他们还发现,当铝与盐的物质的量比为 2 时,活性铝复合物的水反应性能最佳。Sun 等人[144]发现,当添加的 NiCl₂ 和 Na₂CO₃ 的混合比例为 1∶1 时,活性铝复合物的水解反应性能最好[144]。

1.5.4　碳材料添加剂

Baniamerian 等人[145]利用高度有序的介孔碳材料制备了 Al-Ga-OMC 复合物,其水解反应产氢速率可以达到 112 mL/(min・g),产氢效率可以达到 100%。Huang 等人[146]制备了一种具有核壳结构的铝/石墨活性铝复合物。他们发现,添加石墨可显著提高铝在水中的反应活性,所制备的铝/石墨活性铝复合物可以在低于 45 ℃的温度下与水发生反应。对于添加了 23 %石墨的活性铝复合物,约 76.5%的铝可以在 6 h 内与水完全反应并生成氢气。他们还发现,提高反应温度可以获得更高的产氢效率。当反应温度升高到 75 ℃时,活性铝复合物的最大产氢速率可达 40 cm³/(min・g)。Prabu 等人[147]采用简单的水热法合成了石墨混合的 Al NPs,发现在 Al NPs 中加入少量的石墨可以显著地增强 Al 的水解反应,该复合物在室温下 20 min 内可以释放出大约 1 360 mL 的氢气,产氢效率为 100%。Xiao 等人[148]制备了一种 Al-有机氟化物(OF)-铋活性铝复合物,发现有机氟化物的加入能明显加快活性铝复合物在自来水中的产氢速率。在所有样品中,Al-2.5%OF-7.5%Bi 样品表现出优异的水解性能,在 50 ℃时的最大产氢速率可达 5 622 mL/(min・g)[148]。随后,他们制备了一系列活性铝-碳-铋活性铝复合物,并探讨了厚度较薄的石墨烯纳米片比石墨能显著改善活性铝复合物的水反应性能。通过 4 h 球磨制备的活性铝复合物在产氢体积和产氢速率方面表现最佳,在 30 ℃时的最大产氢速率可达 23.3 mL/(s・g)[149]。

1.5.5　其他添加剂

除金属、盐和碳材料添加剂外,其他添加剂(如 LiH、CaH₂、NaMgH₃、Al₂O₃、Al(OH)₃ 和 Bi₂O₂CO₃ 等)也被用来提高铝的水解反应活性。Li 等人[84]研究了 LiH 对铝水反应性能的影响。Al-30%LiH 在 75 ℃时的产氢效率为 96.3%,最大产氢速率可达 4 556.3 mL/(min・g),同时在它们的水解产物中检测到了 LiAl₂(OH)₇。Liu 等人[150]用 CaH₂ 作为催化剂制备了相应的铝复合物,研究了反应温度和球磨条件对铝产氢性能的影响。他们发现,随着 CaH₂ 含量和球磨时间的增加,铝的粒度逐渐减小,铝粉表面的氧化保护膜也被破坏。

此外，CaH_2 的水解还有助于破坏铝颗粒中的晶粒结构，水解后的 OH^- 还能增加铝的水解反应腐蚀效果。因此，加入 CaH_2 能够有效地加速铝的水解反应。球磨 15 h 后，Al-10%CaH_2 活性铝复合物的产氢效率和最大产氢速率分别可以达到 97.8% 和 2 074.3 mL/(min·g)[150]。

Deng 等人[151]将 γ-Al_2O_3、α-Al_2O_3 和 TiO_2 用于改性 Al 颗粒的表面，研究了不同的改性剂对改性铝粉与水反应产氢体积的影响。研究结果发现，γ-Al_2O_3 改性 Al 粉的水解反应时间明显短于 α-Al_2O_3 和 TiO_2 改性的 Al 粉，这是由于 γ-Al_2O_3 的成核势垒更低，Al 颗粒表面层的相变比较完整，导致 γ-Al_2O_3 改性 Al 粉的水解反应诱导时间短，并且与水的反应时间更长。Chen 等人[110]通过球磨法制备了新型的 Al-$Bi_2O_2CO_3$ 复合物，并且研究了该复合物的水解性能。研究结果表明，Al-15%$Bi_2O_2CO_3$ 复合物的水解反应诱导时间约为 10 s，其具有良好的水解反应性能。通过阿伦尼乌斯(Arrhenius)公式计算，Al-15%$Bi_2O_2CO_3$-5%NaCl 和 Al-15%$Bi_2O_2CO_3$-5%-$AlCl_3$ 复合物的活化能仅为 9.43 kJ/mol 和 6.87 kJ/mol[152]。

Xu 等人[153]通过球磨 Al 和 $NaMgH_3$ 粉末制备了一种用于产氢的新型 Al-$NaMgH_3$ 活性铝复合物。研究结果表明，$NaMgH_3$ 的加入可以明显地增强 Al 的化学反应活性。随着 $NaMgH_3$ 含量的增加，复合物的产氢性能增加。通过优化条件制备的 Al-$NaMgH_3$ 复合物，其产氢体积和产氢效率分别可以达到 591.5 mL/g 和 42.9%。在 Al-$NaMgH_3$ 中继续掺杂 Li_3AlH_6 和 Bi，发现可以明显地改善铝复合物的产氢性能，复合物 Al-$NaMgH_3$-Bi-Li_3AlH_6 的产氢体积和产氢效率分别提高到 1 379.8 mL/g 和 100%。他们还发现，通过掺杂 $NaMgH_3$ 可使 Al 颗粒内部的 Al 暴露出来，并且可以降低铝水反应的表观活化能；同时，由于 $NaMgH_3$ 本身也可以与水反应生成氢气，所以 $NaMgH_3$ 复合物可以有效促进铝的水解反应。Zhao 等人[154]将铝粉和 BiOCl 制备得到了 Al-BiOCl 复合物，BiOCl 的加入可以在铝粒子表面原位生成 Al、$AlCl_3$、Bi 和 Bi_2O_3，可以增加铝的水解反应效率和产氢速率。Teng 等人[155]发现，结晶性差、粒径较小的 $Al(OH)_3$ 粉末可以有效地促进铝的水解反应。

表 1-2　添加不同添加剂的活性铝复合物的产氢参数

催化剂	复合物	产氢速率	产氢体积	产氢效率	文献
Bi	Al-16%Bi	—	970 mL/g	92.75%	[123]
锌汞齐	Al-锌汞齐	43.5 cm^3/(h·cm^2)	—	—	[127]

表 1-2(续)

催化剂	复合物	产氢速率	产氢体积	产氢效率	文献
Hg	Al-5%Hg-5%NaCl	—	971 mL/g	—	[129]
Li	Al-20%Li	309.74 mL/(s·g)	1 038.9 mL/g	—	[131]
Ga-In-Sn	Al-3%Ga-3%In-5%Sn	1 080 mL/(min·g)	—	100%	[132]
Li-Bi	Al-Li-Bi	988 mL/(min·g)	1 340 mL/g	—	[91]
Co	Al-Co	—	970 mL/g	—	[133]
Ni	Al-Ni	—	1 170 mL/g	87.6%	[135]
Ce	Al-13%Ce	—	1 134 mL/g	92.42%	[137]
$CoCl_2$	Al-$CoCl_2$	—	1 030 mL/g	—	[139]
NaCl	Al-NaCl	0.033 mL/(s·g)	—	—	[140]
Na_2CO_3	Al-Na_2CO_3	—	—	—	[140]
$BaCl_2$	Al-$BaCl_2$	229.2 mL/(min·g)	—	—	[142]
Ga-OMC	Al-Ga-OMC	112 mL/(min·g)	—	100%	[145]
石墨	Al-石墨	40 mL/(min·g)	—	76.5%	[146]
$Al(OH)_3$	Al-$Al(OH)_3$	1 360 mL/g	—	100%	[147]
有机氟化物(OF)-Bi	Al-$Al(OH)_3$(OF)-Bi	5 622 mL/(min·g)	—	—	[148]
nanoBi-GNS	Al-7.5%nanoBi-2.5%GNS	23.3 mL/(s·g)	—	—	[149]
LiH	Al-30%LiH	4 556.3 mL/(min·g)	—	96.3%	[84]
CaH_2	Al-10%CaH_2	2 074.3/ mL/(min·g)	—	97.8%	[150]
$Bi_2O_2CO_3$-NaCl	Al-15%$Bi_2O_2CO_3$-5%NaCl	34.5 mL/(s·g)	900 mL/g	—	[152]
$NaMgH_3$-Bi-Li_3AlH_6	Al-$NaMgH_3$-Bi-Li_3AlH_6	1 379.8 mL/(min·g)	—	100%	[153]

总之,不同的添加剂会严重影响活性铝复合物的水反应性能。与其他添加剂相比,盐类添加剂对活性铝复合物产氢性能的影响较小。Sn、Bi、Ga、In 和其他低熔点金属能显著改善活性铝复合物的水反应性能。当在活性铝复合物中添加两种或两种以上低熔点金属时,水解反应过程可实现多种低熔点金属的协同催化,从而明显改善铝的水解反应性能。单独添加碳基材料并不能显著提高铝的水反应活性。然而,将低熔点金属和碳基材料与铝结合时,则可大大提高铝的水反应性能。

1.6 活性铝复合物的水反应机理

通过不同的制备方法将不同的添加剂与铝结合,可使活性铝复合物与常温水发生反应。铝与水反应的催化机理可分为化学催化机理和物理催化机理。化学催化机理主要是依靠外部添加剂元素与铝之间形成的原电池反应来催化铝的水解反应。物理催化机理主要是在活性铝复合物表面或内部结合不同的添加剂实现的。在水反应过程中,这些添加剂会从颗粒表面或内部分离出来,从而暴露出新的活性位点。这些活性铝复合物在水反应过程中会改变其微观结构和反应表面积,从而催化铝的水解反应。

1.6.1 化学催化机理研究进展

一般来说,在铝中加入低熔点金属可以产生电化学反应。由于铝的标准电极电位为 -1.662 V,而 Bi(0.308 V)、Sn(-0.136 V)和 In(-0.345)等低熔点金属的标准电极电位高于铝粉。在反应过程中,活性铝复合物会诱发原电池反应[156-160]。Xu 等人[161]发现,SnCl$_2$ 和铝在球磨过程中会发生固态反应,在铝表面形成许多小的高活性 Sn 粒子和 AlCl$_3$ 晶体。这些形成的 Sn 可以与铝发生原电池反应,从而激活铝的水解反应。在 Fan 等人[162]制备的 Al-In-Zn 盐体系中,发现在活性铝复合物中加入 Zn 可以将 Al-In 合金的负电位从 -1.5 V 提高到 -1.1 V,从而提高活性铝复合物的腐蚀电位,并且促进了铝的水反应。Fan 等人发现所制备的 Al-Li-Bi 合金主要含有 Al、Al-Li 和 BiLi$_3$ 三种合金相。Al、Li、Al-Li 和 BiLi$_3$ 合金的标准电极电位分别为 -1.662 V、-3.042 V、-1.382 V 和 -3.332 V,这些物质的标准电极电位都大于水分解所需的标准电极电位,它们都能与水发生反应。铝粒子中的 BiLi$_3$ 将作为最初的水解反应中心与水反应生成 H$_2$、Bi 和 LiOH。副产物 Bi 分布在整个 Al 粒子的基体中,并与 Al 形成原电池反应,并且在碱性溶液的催化作用下腐蚀 Al 。Guan 等人[163]

提出了制备的 Al-Ga-In-Sn 四元合金的反应机理。他们认为,具有层状或粒状结构的铝合金首先可以与水发生反应,并在反应过程中释放热量。在此过程中,已形成的 $InSn_4$ 合金相附近的温度会升高并导致其熔化,而 Al 在液态 $InSn_4$ 中的溶解度会降低,因而 Al 原子可以通过与 Al 的共晶反应扩散到 $InSn_4$ 中,从而恢复 Sn_4 中 Al 原子的浓度,使铝可以继续与水反应。他们还发现,Al(Ga)的共晶温度(26.6 ℃)与 $InSn_4$ 相近,因而在铝与水的反应过程中,Ga 也能起到类似的催化作用。至于液态金属 Ga 和 Hg,在室温下可直接腐蚀铝颗粒表面的氧化铝,与铝形成合金,并且通过电化学腐蚀反应产生氢气[164-166]。

Liang 等人[133]测试了活性铝复合物的塔菲尔曲线。研究结果表明,随着温度的升高,铝复合物的腐蚀电位从 -0.34 V 下降到 -0.58 V(相对于 SCE),而腐蚀电流密度则从 1.05 mA 增加到 14.13 mA。同样,镍诱导反应的腐蚀电位从 -0.30 V 下降至 -0.46 V,腐蚀电流从 0.41 mA 增至 16.9 mA。因此,反应温度的升高会伴随着腐蚀电流的增加和腐蚀电压的降低,从而提高活性铝复合物的水反应速率。这些实验证明了铝在反应过程中形成的电化学反应以及不同金属对铝的诱导效果是不同的。

LiH 的催化机理主要是由于其自身水解反应产生的 OH^- 可以促进铝的腐蚀反应。对于 Al-10%LiH-10%KCl 活性铝复合物,LiH 水解产生的 LiOH 可以促进活性铝复合物表面氧化铝和内部铝的腐蚀,还可以与反应过程中形成的 $Al(OH)_3$ 结合形成 $LiAl_2(OH)_7 \cdot xH_2O$,从而不断加快铝的水反应速率[84]。对于与 CaH_2 复合的活性铝复合物而言,其催化机理与 LiH 相似[150]。

1.6.2 物理催化机理研究进展

对于 Al-20%Bi 和 Al-20%Sn 活性铝复合物,Al-20%Bi 颗粒表面的 Al 晶界上会积聚富集 Bi 元素的活性位点,从而可以破坏 Al 表面形成的致密钝化层。Al-20%Bi 中 Al 和 Bi 的线性热膨胀系数不同。在水解反应过程中,颗粒表面的 Bi 很容易被剥离而暴露出铝粒子内部的铝并促进其水解反应。反应产生的氢气可以破坏整个颗粒的铝晶粒,加速铝颗粒的破裂。Al-20%Sn 粉末中的锡元素可以均匀地分布在铝的晶界上,由于铝和锡的线性热膨胀系数非常接近,所以铝和锡之间的间隙非常紧密,锡很难在反应过程中逸出。Al-20%Sn 活性铝复合物的表面在空气中逐渐钝化,因而水解反应只能从颗粒表面的晶界缓慢开始。在整个水解反应过程中,水会逐渐从晶界上的裂缝渗透到粉末中,经过长时间的反应,粉末会变成花瓣状[109]。

在铝/石墨活性铝复合物的水解反应过程中,水会穿过附着在颗粒表面的石墨层,首先进入铝/石墨界面层,然后铝发生水解反应开始产生氢气。水解反应过程中释放的热量会促进石墨层的裂解,使更多的铝暴露出来,加速铝的水解反应[146]。

在 Al-30%Bi-10%C 复合物的水解反应过程中,首先会形成 Al/Bi 纳米原电池反应,然后启动铝复合物的水解反应。石墨的加入会加速复合物粒子的破裂,暴露出新的腐蚀位点,从而加快与水的反应速率[103]。

在球磨过程中,加入 KCl 和 NaCl 等盐类可以通过减小活性铝复合物颗粒的粒径来增加活性铝复合物颗粒的比表面积。在活性铝复合物与水反应的过程中,这些盐类溶解后会暴露出复合物粒子内部的铝,有效地增加了反应的活性位点[167]。Fan 等人[168]发现,铝铋酸酐或铝铋盐混合物的水反应性能优于铝铋合金。他们认为,这主要是由于 MgH_2 和 $MgCl_2$ 的溶解热有助于铝的水解反应,同时盐溶解释放的导电离子有助于形成铝铋合金的原电池反应。

在铝的水解反应中,低熔点金属与铝之间形成的电化反应能有效催化铝与水的反应。在水解反应过程中,铝失去电子形成 Al^{3+},水中的 H^+ 得到电子形成氢气,两者之间可以形成电化学反应。低熔点金属在反应过程中一般只起化学催化作用,不会生成新物质。活性铝复合物的物理催化机理主要通过改变活性铝复合物的表面和内部形态结构,调整活性铝复合物在水解反应过程中的反应面积,从而改变铝的水反应速率。与单一催化相比,物理化学协同催化可大大提高铝的水解反应速率。

第 2 章

含低熔点金属锡和铋铝复合物的制备及水反应性能调控

由于铝粉表面有致密的氧化铝膜,氧化铝膜的存在阻碍了铝与水的反应,所以常温条件下铝粉无法与水发生反应[169-170]。制备活性铝粉可以使铝与水在常温条件下发生水解反应,放出大量的氢气。从理论上讲,1 g 铝粉在室温条件下与水反应时可产生大约 1.36 L 氢气,通过氢气的释放速率以及体积可以判断铝复合物与水反应的活性。

研究发现,低熔点金属可以有效地提升铝的水反应活性[171-173]。例如,金属镓,镓的作用类似于水银的作用,液态的金属镓可以包裹在铝颗粒表面,同时也可以渗透到铝粒子的内部去,在水反应过程中可以使铝粒子破裂成许多部分,从而加速铝的水反应活性[85,132,174]。除此之外,金属铋 Bi 和金属锡 Sn 也可以有效地增加铝和水反应的活性,因为低熔点金属 Bi(0.308 V) 和 Sn(−0.136 V) 的标准电极电势要高于 Al(−1.662 V),在水反应过程中可以与铝形成原电池反应,从而加速铝的水解反应。

本章使用高能球磨法制备含低熔点金属的铝复合物,将 Sn 和 Bi 同时引入金属铝中,从而形成三元合金 Al-Bi-Sn,以此探索 Bi 和 Sn 对 Al 水解反应性能的协同作用,同时研究所制备的几种活性铝复合物在不同存储环境中的水反应活性。

2.1 含低熔点金属锡和铋铝复合物的制备

本节涉及所有的活性铝复合物均是通过 Simoloyer CM01 高能球磨机制备的。该球磨机的最高转速可以达到 2 000 r/min,但是该系统只可用于干法球磨。当制备含有碳元素的铝复合物时,高速运动的磨球会撞击铝粒子以及碳材料,会使铝和碳发生氧化还原反应从而有可能引发爆炸。因此,含碳元素的材料无法与铝粉用该球磨机进行球磨。

试验中用到的球磨参数如表 2-1 所列。球磨过程中,球料比为 10∶1,并且在设备中充入氩气,防止球磨的铝粉进一步发生氧化反应。球磨机搅拌过程中,以 1 min 为一个循环过程,每个循环过程的前 48 s 为 1 200 r/min,后 12 s 为 800 r/min。同时,该球磨机配备了低温冷却系统,可以使球磨仓内部温度降至 -10 ℃。球磨完成之后,将活性铝复合物放置在密封管中保存。

表 2-1 试验中所用的球磨参数

磨球	材质:不锈钢(100Cr6),直径:5.1 mm
球料比	10∶1
球磨气氛	氩气
转速	1 200 r/min(48 s)+800 r/min(12 s)
冷却介质	乙醇

表 2-2 所列为所制备的四种铝复合物 Al-10%Bi、Al-7.5%Bi-2.5%Sn、Al-5%Bi-5%Sn、Al-10%Sn 的组分配比,球磨时间均为 3 h。为了对比低熔点金属对铝粉水反应性能带来的影响,我们还制备了球磨纯铝粉的样品 Al 作为参照。

表 2-2 活性铝复合物的组分及球磨时间

样品	各组分的质量/g			球磨时间/h
	Al	Bi	Sn	
Al-10%Bi	90	10	0	3
Al-7.5%Bi-2.5%Sn	90	7.5	2.5	3
Al-5%Bi-5%Sn	90	5	5	3
Al-10%Sn	90	0	10	3
Al	100	0	0	3

2.2 含低熔点金属锡和铋铝复合物的表征

本节所制备的活性铝复合物的形貌如图 2-1 所示。可以看出,所有样品的颗粒都呈现出不规则的形貌,在活性铝复合物颗粒的表面有许多晶界。如

图 2-2 所示,由样品 Al-7.5%Bi-2.5%Sn 的放大 SEM 图像以及背散射图可以看出,金属 Sn 和 Bi 颗粒均可以嵌入 Al 粒子的表面,并且嵌入铝颗粒表面的较大颗粒是由含量较多的金属 Bi 和含量较少的金属 Sn 组成(点 2),而嵌入铝粒子表面的较小颗粒主要由 Sn 元素组成(点 1),样品 Al-7.5%Bi-2.5%Sn 的 EDS 能谱分析结果如表 2-3 所列。由图 2-2(e)和图 2-2(f)的 SEM 图像可以看出,嵌入到 Al 粒子表面的 Bi 和 Sn 颗粒被破碎成几微米至几百纳米不等的小颗粒[175]。

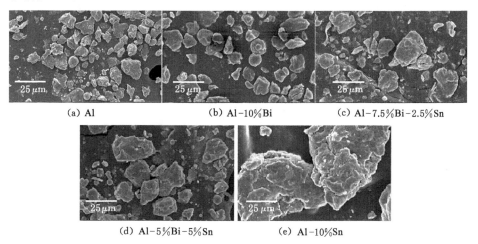

(a) Al　　　　　　(b) Al-10%Bi　　　　　　(c) Al-7.5%Bi-2.5%Sn

(d) Al-5%Bi-5%Sn　　　　　(e) Al-10%Sn

图 2-1　几种活性铝复合物的形貌图

表 2-3　样品 Al-7.5%Bi-2.5%Sn 的 EDS 能谱分析

元素	点 1 的元素质量分数/%	点 2 的元素质量分数/%
Al	12.97	51.54
Bi	6.56	8.30
Sn	67.90	1.64
O	12.57	38.52

图 2-3 所示为不同活性铝复合物的 XRD 图谱。可以看出,所添加的金属 Sn 和 Bi 在经过球磨作用以后并没有和铝形成新的物相,说明两者之间并没有发生化学反应,而是以物理的方式相结合。

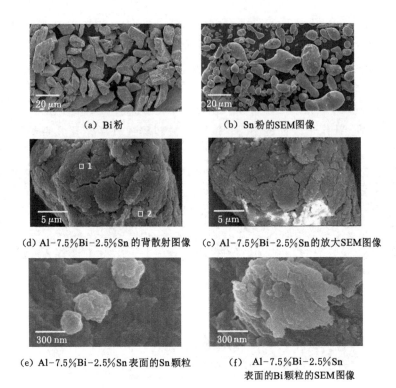

(a) Bi 粉 　　　　　　　　(b) Sn 粉的SEM图像

(d) Al-7.5%Bi-2.5%Sn 的背散射图像　(c) Al-7.5%Bi-2.5%Sn 的放大SEM图像

(e) Al-7.5%Bi-2.5%Sn 表面的Sn 颗粒　　(f) Al-7.5%Bi-2.5%Sn 表面的Bi 颗粒的SEM图像

图 2-2　活性锡复合物的 SEM 图像和背散射图像

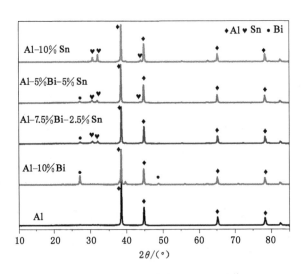

图 2-3　活性铝复合物的 XRD 图谱

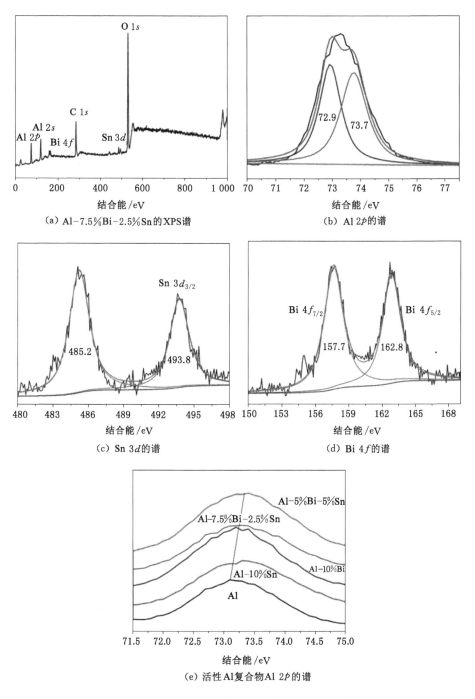

（a）Al-7.5%Bi-2.5%Sn的XPS谱

（b）Al 2p的谱

（c）Sn 3d的谱

（d）Bi 4f的谱

（e）活性Al复合物Al 2p的谱

图 2-4　样品 Al-7.5%Bi-2.5%Sn 的 XRD 图谱

图 2-4 所示为样品 Al-7.5％Bi-2.5％Sn 的 X 射线光电子能谱（XPS）图。由图 2-4(a)可知，样品中含有 Al、Sn、Bi 和 O 等四种元素；由图 2-4(b)可知，Al 2p 的峰可以分成两个峰，结合能分别位于 72.9 eV 和 73.7 eV，它们分别对应于 Al 以及 Al$_2$O$_3$ 中 Al^{3+} 的峰。此外，从图 2-4(c)～图 2-4(d)中可以看到 Al-7.5％Bi-2.5％Sn 中 Sn 3d 和 Bi 4f 的峰，并且其结合能和原料所用的金属 Sn 和 Bi 是相一致的，这也从侧面反映了金属 Sn 和 Bi 在球磨过程中并没有发生化学反应形成新的化合物。由图 2-4(e)可以看出，相较于纯的球磨铝粉而言，经过添加金属 Sn 或者 Bi 样品的 Al 2p 结合能都处在金属 Al（72.9 eV）和 Al$_2$O$_3$（73.7 eV）之间，形成了一个新的中间过渡态[176]。

2.3 含低熔点金属锡和铋铝复合物的水反应性能调控

图 2-5 所示为活性铝复合物在 35 ℃初始温度下在自来水中的氢气生成曲线和体系反应温度曲线，其水反应产氢参数如表 2-4 所列。结果显示，球磨的纯铝粉和水几乎没有发生反应，而其他四种复合物则可以与水快速的发生水解反应，同时三元复合物 Al-Bi-Sn 相较于二元复合物 Al-10％Bi 和 Al-10％Sn 展现出更好的水解反应性，其中复合物 Al-7.5Bi％-2.5％Sn 与水的反应速率最快且效率最高，最大反应速率达到了 9.5 mL/(s・g)。而样品 Al-5％Bi-5％Sn 的最大产氢速率和产氢体积均低于样品 Al-7.5Bi％-2.5％Sn，仅略高于样品 Al-10％Bi。这是由于金属 Sn 和 Bi 的协同作用正好抵消了 Bi 替代 Sn 的负面影响。Fan 等人[124]在之前的研究中发现，金属 Bi 对铝水解的催化作用优于金属 Sn。因此，样品 Al-5％Bi-5％Sn 展示出与样品 Al-10％Bi 相似的水解性能，仅比样品 Al-10％Bi 稍微增加了产氢体积和最大产氢速率。三元样品 Al-7.5％Bi-2.5％Sn 复合物与水的反应比其他样品可以更快地达到最高温度，并且具有更高的反应温度。

以上研究结果表明，低熔点金属 Bi 和 Sn 的组合对 Al 的水解反应具有协同作用。与 Al 的标准电极电位（−1.662 V）相比，Bi（0.308 V）和 Sn（−0.136 V）的标准电极电位更高，可以与铝形成更强的电化学腐蚀速率并形成原电池反应。如图 2-2 所示，铝粒子表面较小粒径的 Sn 和 Bi 颗粒有助于铝在反应过程中形成更多的原电池反应。此外，Al（23.0 ppm①/K）和

---

① 1 ppm＝10^{-6}，下同。

Bi(13.2 ppm/K)的线性热膨胀系数不同,使得 Bi 更容易从 Al 粒子表面脱落,因而粒子内部的 Al 更容易暴露在水中,从而加速其水解反应[29]。从上述试验结果可以看出,当同时添加金属 Sn 和 Bi 时,活性铝复合物表现出协同作用,并且由于金属 Bi 的催化效果强于金属 Sn,复合物 Al-7.5%Bi-2.5%Sn 表现出最佳的水反应性能。

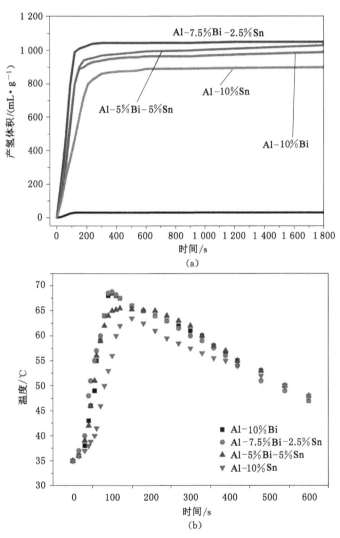

图 2-5　活性铝复合物在自来水中的产氢曲线及体系反应温度曲线

表 2-4　不同球磨样品在 35 ℃条件下与自来水反应的产氢参数

活性铝复合物	最大产氢速率 /(mL·s^{-1}·g^{-1})	理论产氢体积 /(mL·g^{-1})	产氢体积 /(mL·g^{-1})	产氢效率/%
Al-10%Bi	8.3	1 224	990	81
Al-7.5%Bi-2.5%Sn	9.5	1 224	1 050	86
Al-5%Bi-5%Sn	7.5	1 224	1 030	84
Al-10%Sn	4.2	1 224	900	74

鉴于活性铝复合物的水解反应速率与初始反应温度密切相关,我们研究了不同反应初始温度对活性铝复合物的水反应性能影响,将活性铝复合物在不同的初始水温(25 ℃、35 ℃、45 ℃和 55 ℃)条件下进行水解试验,分别如图 2-6 和图 2-7 所示。结果显示,活性铝复合物的产氢速率随温度的升高而增加,复合物 Al-7.5%Bi-2.5%Sn 相较于其他样品在 25 ℃、35 ℃、45 ℃和 55 ℃水温条件下均展示出较快的产氢速率。Al-7.5%Bi-2.5%Sn 在 55 ℃条件下可以在 60 s 内反应完全,其最大产氢速率可以达到 19.7 mL/(s·g)。

通过活性铝复合物在不同温度下的产氢速率可以利用阿伦尼乌斯公式计算其活化能[177]:

$$\ln k = \ln A - \frac{E_a}{RT} \tag{2-1}$$

式中,k 为反应速率;A 为指前因子;R 为气体常数;E_a 为活化能,kJ/mol。

图 2-6(d)所示为活性铝复合物的阿伦尼乌斯图,表明三元 Al-Bi-Sn 复合物有较低的活化能,其中样品 Al-7.5%Bi-2.5%Sn 的活化能最低(52.5 kJ/mol)。该结果进一步证实了 Bi 和 Sn 在三元 Al-Bi-Sn 复合物中的协同作用。

为了进一步研究水的初始反应温度与活性铝复合物产氢体积和最大产氢速率之间的关系,我们进行了更高温度条件下活性铝复合物的水解反应试验,如图 2-8 所示。结果显示,初始反应温度从室温升高到 85 ℃时,Al-7.5%Bi-2.5%Sn 的最大产氢速率随温度的升高而增加,而初始反应温度对样品的产氢体积则影响不大。

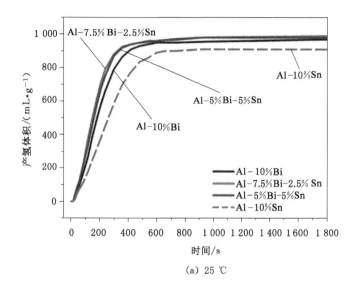

(a) 25 ℃

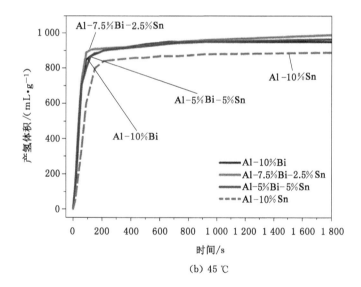

(b) 45 ℃

图 2-6　不同活性铝复合物在不同温度下与
水反应的产氢曲线及阿伦尼乌斯图

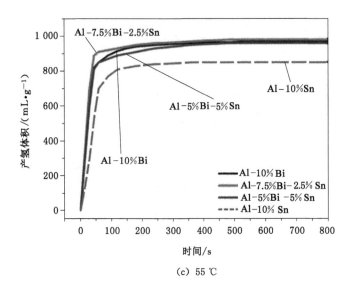

(c) 55 ℃

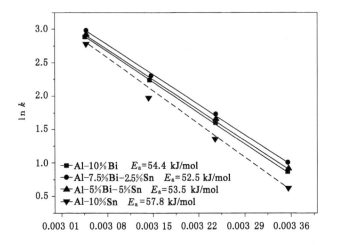

(d) 阿伦尼乌斯图

图 2-6 （续）

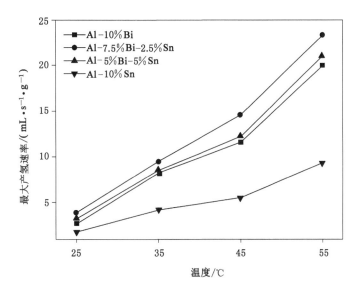

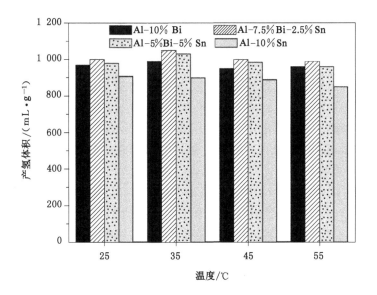

图 2-7　不同活性铝复合物在不同温度下的产氢体积以及最大产氢速率

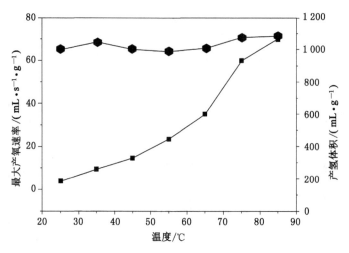

图 2-8　不同温度下 Al-7.5%Bi-2.5%Sn 的产氢体积以及最大产氢速率

2.4　球磨时间和水介质对活性铝复合物水解反应性能的调控

为了研究球磨时间对活性铝复合物水解性能的影响,我们测试了不同球磨时间制备的 Al-7.5%Bi-2.5%Sn 的产氢曲线,如图 2-9 所示。研究结果表明,球磨时间对活性铝复合物的产氢速率以及产氢体积有很大影响。随着球磨时间从 0.5 h 增加到 3 h,产氢体积逐渐增加,在 3 h 时达到最大值,球磨时间为 4 h 时,产氢体积开始下降。

图 2-10 所示为不同球磨时间制备的复合物 Al-7.5%Bi-2.5%Sn 的 SEM 图像。当球磨时间较短时,铝颗粒没有发生足够的塑性变形[178]。随着球磨时间的增加,铝颗粒粒径减小。当球磨时间增加到 4 h 时,由于在球磨过程中铝粒子的冷焊作用,铝颗粒的粒径开始变大。因此,经过 3 h 球磨的样品 Al-7.5%Bi-2.5%Sn 表现出最佳的水解性能。

为了研究不同水介质对活性铝复合物水解反应性能的影响,我们在三种不同水介质(自来水、蒸馏水、5%NaCl 溶液)中测试了样品 Al-7.5%Bi-2.5%Sn 的水解性能。图 2-11 所示为该复合物在 35 ℃条件下在不同水介质中的产氢曲线。可以看出,样品 Al-7.5%Bi-2.5%Sn 在自来水中的氢气转换效率与 5% NaCl 溶液中的转换效率相似,均高于在蒸馏水中的转换效率,这是由于自来水或 5% NaCl 溶液中离子的电导性加速了复合物的水解反应。

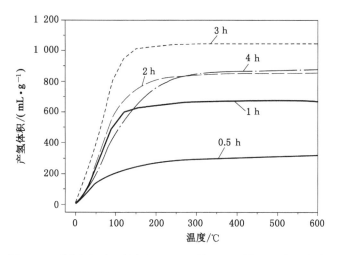

图 2-9 不同球磨时间制备的 Al-7.5％Bi-2.5％Sn 的产氢曲线

(a) 1 h

(b) 2 h

(c) 3 h

(d) 4 h

图 2-10 不同球磨时间制备的 Al-7.5％Bi-2.5％Sn 的 SEM 图像

2.5 存储方法对活性铝复合物水反应性能的影响

由于活性铝复合物可以在室温条件下与空气中的水蒸气反应,因此如何保护活性铝复合物的活性是一个非常重要的问题。为了研究不同储存方法对活性铝复合物的影响,我们将样品 Al-7.5％Bi-2.5％Sn 分别在 30 ℃ 和 40％ 相对湿度条件下在三种不同的储存环境中储存 20 d。老化后的活性铝复合物的产氢曲线如图 2-12 所示。可以看出,样品直接暴露在空气中储存时,样品

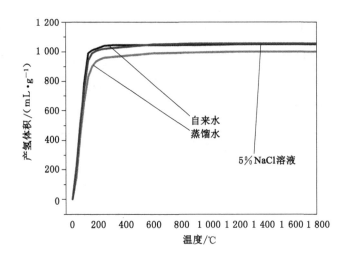

图 2-11　不同水介质条件下 Al-7.5%Bi-2.5%Sn 的产氢曲线

的活性损失非常大,产氢体积大约只有原来的 1/4。但是,当样品储存在正己烷或者离心管中时,活性损失要小很多,尤其是当储存于正己烷中时,样品的产氢体积最大。基于以上结果,我们将制备的样品于正己烷中保存活性,且活性保持效果最好。

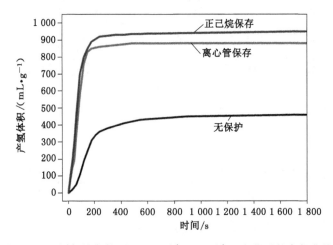

图 2-12　不同保护条件下 Al-7.5%Bi-2.5%Sn 老化后的产氢曲线

2.6　活性铝复合物的水解反应产物分析

图 2-13 所示为不同活性铝复合物水解产物的 XRD 图谱。可以看出,随着反应的进行,铝逐渐和水发生反应,铝逐渐形成了 AlO(OH) 的结晶峰;同时,还发现金属 Bi 和 Sn 的结晶峰仍然存在,并没有形成其他的化合物,说明只有 Al 和水发生了反应,金属 Bi 和 Sn 在反应过程中只是起到了催化作用。由于所形成的氢氧化铝可以溶解于酸中,所以可以通过把水解产物溶解于酸中来回收金属 Bi 和 Sn 并重复利用。

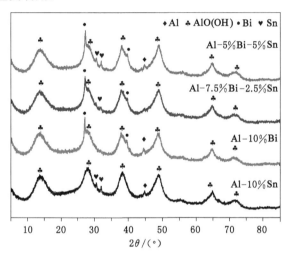

图 2-13　活性铝复合物水解产物的 XRD 图谱

本章小结

本章通过高能球磨法制备了四种含低熔点金属 Bi 和 Sn 的活性铝复合物,研究了它们在不同初始温度和在自来水、蒸馏水、盐水中的水解反应性能。研究结果表明,三元铝复合物 Al-Bi-Sn 在水解反应过程中显示出 Bi 和 Sn 的协同催化效应。3 h 球磨制备的 Al-7.5%Bi-2.5%Sn 复合物在所有样品中展示出优异的水解性能,在 35 ℃ 初始温度下展示出 86% 的氢气转化效率以及 9.5 mL/(s·g)的最大产氢速率。初始反应温度和水介质对铝水解反应速率有明显影响。将活性铝复合物储存在正己烷中保存,可以有效地保护铝复合物的反应活性。

第 3 章

含不同形貌碳材料铝复合物的制备及水反应性能调控

在第 2 章中,我们详细介绍了低熔点金属 Bi 对于活性铝复合物水反应性能的调控作用。在活性铝复合物中单独加入低熔点金属尽管可以有效地提升活性铝复合物的水解反应速率,但是这些材料的水反应速率仍然较低,低反应速率的活性铝材料很难进一步大规模应用,特别是在某些需要快速产氢的领域中[51,128,179-181]。因此,通过探究新的添加剂对活性铝复合物的水反应调控作用来进一步提升铝的水解反应速率具有重要的意义。

这一章中在添加低熔点金属 Bi 的基础上继续添加不同形貌的碳材料并研究含不同形貌碳材料铝复合物的水反应性能调控。本章采用三种不同形貌的碳材料,即具有一维形貌的纤维素(Cellulose)、二维结构石墨烯纳米片(GS)和具有三维结构的球形碳材料(SC),分别与铝粉和铋粉进行球磨,制备出三种相应的活性铝复合材料 Al-7.5%Bi-2.5%Cellulose、Al-7.5%Bi-2.5%GS 和 Al-7.5%Bi-2.5%SC,并且深入探讨碳材料形貌对活性铝复合材料水反应速率的调控作用。

3.1　含不同形貌碳材料铝复合物的制备

所有活性铝复合材料都是通过 KQM-D/B 型行星球磨机制备得到的。在制备的过程中分别将铝粉、铋粉和相应的碳材料加入球磨罐中。球磨罐的直径和容积分别为 123 mm 和 1 L,研磨球的直径为 2 mm。在球磨过程中,向球磨罐中加入 100 mL 的正己烷作为反应抑制剂,球磨过程中球磨机转速设定为 800 r/min,球磨时间设定为 5 h,球质比设定为 10：1。铝复合物详细的配方见表 3-1。球磨完成后,将活性铝复合物材料保存在正己烷中存放,防止其在空气中老化。

表 3-1　活性铝复合物各组分的质量

活性铝复合物	各组分的质量/g				
	Al	Cellulose	GS	SC	Bi
Al-7.5%Bi-2.5%Cellulose	90	2.5	0	0	7.5
Al-7.5%Bi-2.5%GS	90	0	2.5	0	7.5
Al-7.5%Bi-2.5%SC	90	0	0	2.5	7.5

3.2　含不同形貌碳材料活性铝复合物的表征

图 3-1 所示为原材料纤维素、石墨烯纳米片和球形碳的 SEM 图像。可以看出,纤维素具有一维线形结构,纤维素的直径约为 10 μm。此外,石墨烯薄片具有二维平面结构,而球形碳是一种具有三维结构的球形结构。在高倍放大的图像中,球形碳颗粒是由许多更细小的碳颗粒组成的。

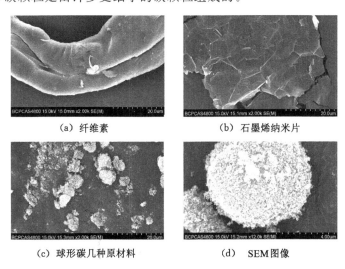

（a）纤维素　　　　　　　　　（b）石墨烯纳米片

（c）球形碳几种原材料　　　　　（d）　SEM 图像

图 3-1　几种原材料的 SEM 图像

图 3-2 所示为 Al-7.5%Bi-2.5%Cellulose、Al-7.5%Bi-2.5%GS 和 Al-7.5%Bi-2.5%SC 的 SEM 图像。可以看出,经过球磨处理后,三种活化铝复合材料都呈现出不规则的形貌,而且活化铝复合材料的粒径与原始铝颗粒(5 μm)相比明显增大。从样品 Al-7.5%Bi-2.5%GS 的扫描电镜图像来看,颗粒表面形成了分层结构和沟壑结构。由颗粒的放大图像可以发现,颗粒表面呈

现出明显的多层结构。然而,添加了具有一维结构的纤维素和具有三维结构的球形碳材料的活性铝复合材料却没有类似的现象。它们的颗粒表面结构相对平整密实,没有多层和沟壑结构。研究结果表明,不同类型的添加剂可以控制球磨后铝复合物颗粒的形貌。为了探究各种元素在不同活性铝复合物材料中的分布情况,我们测试了三种活性铝复合物的 EDS 能谱图。如图 3-3 所示,C 元素和 Bi 元素以相对均匀的方式附着在活性铝复合物颗粒的表面上,在活性铝复合物材料的水解反应过程中会形成更多的原电池反应。

(a) Al-7.5%Bi-2.5%Cellulose的SEM图像　　(b) Al-7.5%Bi-2.5%GS的SEM图像

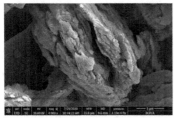

(c) Al-7.5%Bi-2.5%GS的SEM图像　　(d) Al-7.5%Bi-2.5%SC的SEM图像

图 3-2　三种活性铝复合物的 SEM 图像

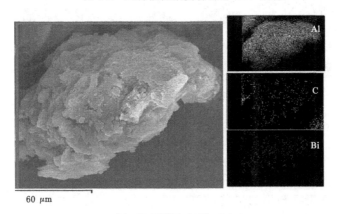

(a)　Al-7.5%Bi-2.5%Cellulose

图 3-3　三种活性铝复合物的 EDS 能谱图

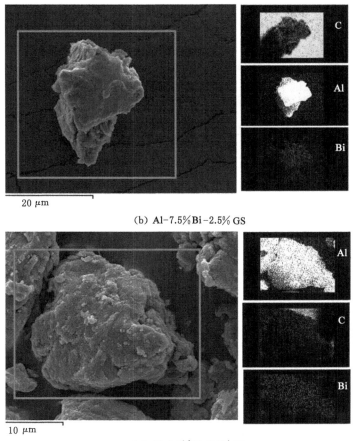

(b) Al-7.5%Bi-2.5% GS

(c) Al-7.5%Bi-2.5% SC

图 3-3　(续)

3.3　含不同形貌碳材料铝复合物的水反应性能调控

在 30 ℃条件下,对三种不同铝复合物材料进行了水反应性能测试,三种活性铝复合物材料的产氢曲线如图 3-4 所示。表 3-2 列出了三种活性铝复合物的产氢参数。可以看出,添加了纤维素的铝复合物 Al-7.5%Bi-2.5%cellulose 的最大产氢速率为 5.3 mL/(s·g)。添加了二维平面结构 GS 的活性铝复合物的产氢速率最大,在 30 ℃时其最大产氢速率可达 29.6 mL/(s·g);然而,添加了三维球形碳的活性铝复合物 Al-7.5%Bi-2.5%SC 的最大产氢速率则仅有

7.5 mL/(s·g)。研究结果表明,活性铝复合物 Al-7.5%Bi-2.5%GS 具有最快的水解反应速率。这三种活性铝复合物材料的产氢体积则比较接近,活性铝复合物 Al-7.5%Bi-2.5%Cellulose、Al-7.5%Bi-2.5%GS 和 Al-7.5%Bi-2.5%SC 分别的产氢体积分别为 1 040 mL/g、1 025 mL/g 和 1 040 mL/g。从以上数据可以看出,不同形貌的碳材料制备的活性铝复合物的产氢性能差异较大。

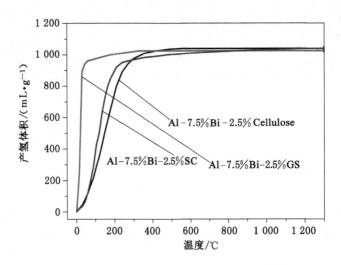

图 3-4 30 ℃时三种活性铝复合物材料的产氢曲线

表 3-2 30 ℃时不同活性铝复合物材料的产氢参数

活性铝复合物	最大产氢速率 /(mL·s⁻¹·g⁻¹)	产氢体积 /(mL·g⁻¹)	理论产氢体积 /(mL·g⁻¹)	产氢效率/%
Al-7.5%Bi-2.5%Cellulose	5.3	1 040	1 360	76.5%
Al-7.5%Bi-2.5%GS	29.6	1 025	1 360	75.4%
Al-7.5%Bi-2.5%SC	7.5	1 040	1 360	76.5 %

Al-7.5%Bi-2.5%GS 在 10~40 ℃的产氢曲线如图 3-5 所示。可以看出,即使在 10 ℃时,Al-7.5%Bi-2.5%GS 同样展示出较快的产氢速率。根据阿伦尼乌斯方程进行计算,Al-7.5%Bi-2.5%GS 的活化能为 29.6 kJ/mol。

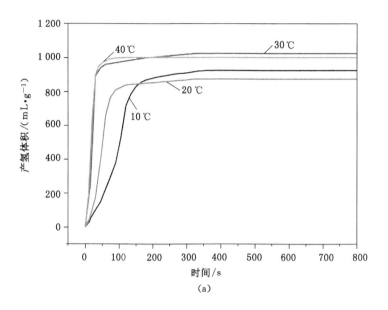

（a）

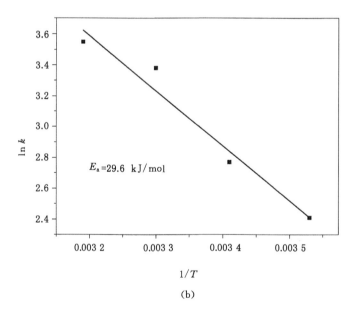

1/T

（b）

图 3-5　Al-7.5%Bi-2.5%GS 在不同温度下与水反应的
产氢曲线及阿伦尼乌斯图

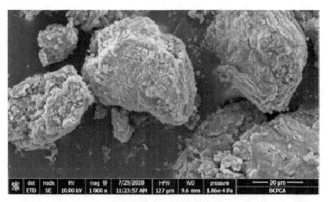

Al-7.5%Bi-2.5%Cellulose

Al-7.5%Bi-2.5% GS

Al-7.5%Bi-2.5% SC

（a）扫描电镜图像

图 3-6　三种活性铝复合物中间水解淬灭反应产物的 SEM 图像及放大 SEM 图像

Al-7.5%Bi-2.5%Cellulose

Al-7.5%Bi-2.5% GS

Al-7.5%Bi-2.5% SC

（b）放大扫描电镜图像

图 3-6　（续）

为了进一步探索活性铝复合物材料水解反应的机理,我们将活性铝复合物加入 30 ℃的水中反应 20 s 后,然后迅速加入大量乙醇淬灭活性铝复合物的水解反应,并立即过滤出淬灭产物进行表征。图 3-6 所示为三种活性铝复合物的水解中间淬灭产物的 SEM 图像。可以看出,Al-7.5%Bi-2.5%Cellulose 和 Al-7.5%Bi-2.5%SC 样品的水解中间产物颗粒的形态与未反应的活性铝复合材料相比没有明显的变化,只是颗粒表面开始变得粗糙。然而,添加了石墨烯纳米片的铝复合物 Al-7.5%Bi-2.5%GS 的水解中间淬灭产物的形貌发生了显著变化。如图 3-6(d)～图 3-6(f)所示,Al-7.5%Bi-2.5%GS 中间水解产物的颗粒有大量相对较深的沟壑从表面延伸到颗粒内部,使颗粒表面形成大量多层结构。研究结果表明,Al-7.5%Bi-2.5%GS 展示出与 Al-7.5%Bi-2.5%Cellulose 和 Al-7.5%Bi-2.5%SC 截然不同的水解反应机理。对于 Al-7.5%Bi-2.5%SC 和 Al-7.5%Bi-2.5%Cellulose 铝复合物,颗粒的水解反应是从表层逐渐向内部进行的。而在 Al-7.5%Bi-2.5%GS 在水解反应过程中,颗粒的反应可以沿着这些多层结构逐渐向内部进行渗透,从而加速整个铝颗粒的破裂,增加水解反应的面积,因此水解反应速率也会大大提高。研究结果表明,添加不同形态的碳材料可以有效调控活性铝复合物的水解反应速率。

图 3-7 所示为三种活性铝复合物颗粒横截面的 SEM 图像,其中铝复合物 Al-7.5%Bi-2.5%GS 颗粒横截面显示出许多的多层裂纹结构。然而,在 Al-7.5%Bi-2.5%Cellulose 和 Al-7.5%Bi-2.5%SC 样品的颗粒内部,却只展示出致密的结构,并没有发现大的裂纹结构。因此,从上述试验数据可以看出,不同形态碳材料的加入不仅会导致相应的铝复合材料颗粒内部出现大的裂纹结构,还会使颗粒的外部呈现出多层的形貌结构。在活性铝复合物颗粒参与水解反应的过程中,这些颗粒表面的层状结构和颗粒内部的裂纹结构可以作为水解反应的通道,使水分子可以快速渗透到颗粒内部结构中,使活性铝复合物颗粒加速破裂,增加铝复合物颗粒与水的接触面积,从而加速活化铝复合物的水解反应速率。然而,活性铝复合物 Al-7.5%Bi-2.5%Cellulose 和 Al-7.5%Bi-2.5%SC 的颗粒上并没有形成类似的结构。因此,在其水解反应中,反应是逐渐从颗粒表面向内部进行的,而且活性铝复合物颗粒与水的接触面积相对较小,水解反应速度相对较慢。

因为添加金属 Bi 和 GS 会降低活性铝复合物 Al-7.5%Bi-2.5%GS 中的有效铝含量,从而减少氢气的生成量,所以在保证活性铝复合物高反应速率的前提下,找到金属 Al-Bi-GS 中 Bi 和 GS 的最小添加含量具有重要意义。图 3-8 所示为活性铝复合物 Al-4.5%Bi-1.5%GS、Al-6%Bi-2%GS 和 Al-7.5%Bi-2.5%SC 的 SEM 图像。可以看出,随着金属 Bi 和 GS 含量的增加,活性铝复合

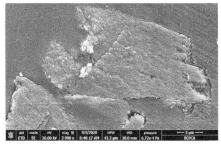

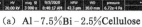

（a）Al-7.5%Bi-2.5%Cellulose

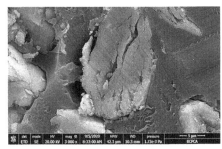

（b）Al-7.5%Bi-2.5%GS

（c）Al-7.5%Bi-2.5%SC

图 3-7　三种活性铝复合物颗料横截面的 SEM 图像

（a）Al-4.5%Bi-1.5%GS　　　　　　　（b）Al-6%Bi-2%GS

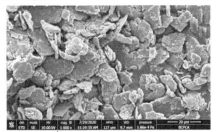

（c）Al-7.5%Bi-2.5%SC

图 3-8　三种活性铝复合物的 SEM 图像

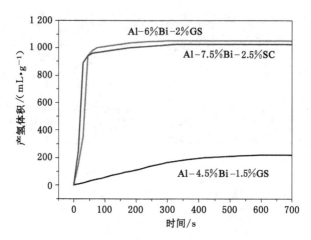

图 3-9　不同 Bi 和 GS 含量下 Al-Bi-GS 的产氢曲线(30 ℃)

物颗粒的粒径逐渐减小。图 3-9 所示为不同 Bi 和 GS 含量下 Al-Bi-GS 的产氢曲线。可以看出,活性铝复合物 Al-6%Bi-2%GS 的最大产氢速率略低于铝复合物 Al-7.5%Bi-2.5%GS,但它们的最大产氢体积都有所增加。研究结果表明,Al-Bi-GS 复合物中 Bi 和 GS 含量的略微降低对铝复合材料的产氢速率影响并不大,但可以增加活性铝复合材料的产氢体积。随着活性铝复合材料中 Bi 和 GS 含量的不断减少,铝复合物 Al-4.5%Bi-1.5%GS 的产氢速率和产氢体积都大幅度降低。这一结果表明,如果金属 Bi 的含量过低,就会导致活性铝复合物最终的产氢体积和产氢速率显著下降。

本章小结

　　本章选取了三种不同形貌的碳材料为添加剂,制备了三种相应的活性铝复合物材料,并探讨了不同形态的碳材料对活性铝复合材料产氢性能的调节作用。石墨烯纳米片的加入可使活性铝复合物颗粒的内部和表面呈现出明显的多层结构。在铝复合物 Al-7.5%Bi-2.5%GS 的水解反应过程中,水解反应可以沿着这些层装结构向颗粒内部进行渗透。研究结果表明,通过控制碳材料的形貌可以明显地改善活性铝复合物的水解反应速率。

第 4 章

石墨烯材料的厚度及铋的粒径对铝复合物的水反应性能调控

金属铋的标准电极电势高于铝的标准电极电势,可以和铝形成原电池反应。已有研究发现,通过在铝中添加低熔点金属铋,可以有效地降低铝水解的腐蚀电位,还可以有效地增加腐蚀电流[123,156]。另外,金属铋及其合金具有独特的层状结构以及较高的理论电容[182-184]。在铝的水解过程中,金属 Bi 做阴极,H^+ 获得电子形成 H_2;Al 做阳极,失去电子并形成 Al^{3+}[185-187]。由于 Bi 可以在铝的水解反应过程中充当阴极,所以当较小的 Bi 颗粒与铝结合时,有利于形成更多的活性位点。前文我们研究了 Bi 对 Al 的水反应性能的影响,但是只使用了微米级的金属 Bi 粉,未对纳米级的 Bi 粉进行研究。

在上一章中,我们详细探索了碳材料的形貌对于活性铝复合物的水解反应性能的调控作用,发现石墨类材料可以明显提升铝的水解反应速率,而且在其他的研究中也发现了石墨材料类似的效果[87,188-189]。因此,关于石墨材料的厚度对铝的水反应性能影响的研究还需要进一步深入展开。本章制备了一系列活性铝-石墨(Gr)-铋复合物和铝-石墨烯纳米片(GNS)-铋复合物,将深入研究这些活性铝复合物的水反应性能。

4.1 含不同厚度石墨烯材料及不同粒径铋铝复合物的制备

本章所制备的铝-石墨(Gr)-铋复合物和铝-石墨烯纳米片(GNS)-铋复合物均是通过国产的 KQM-D/B 行星球磨机所制备得到的,球磨条件如表 4-1 所列。球磨过程中球料比为设定为 20∶1,在球磨过程中加入需要正己烷作为球磨抑制剂。球磨机转速调整为 800 r/min,球磨时间为 4 h。球磨完成之后,将活性铝复合物放置在密封管中保存。

表 4-1　铝-石墨(Gr)-铋复合物和铝-石墨烯纳米片(GNS)-铋复合物的球磨参数

磨球	材质:不锈钢,直径:5.1 mm
球料比	20∶1
球磨气氛	空气
转速	800 r/min
球磨抑制剂	正己烷
球磨时间	4 h

本章所制备的 Al-10%Bi、Al-7.5%Bi-2.5%Gr、Al-7.5%Bi-2.5%GNS、Al-7.5%nano Bi-2.5%Gr、Al-7.5%nano Bi-2.5%GNS、Al-5%nano Bi-5%GNS、Al-9%nano Bi-1%GNS 复合物的组成及球磨时间见表 4-2。

表 4-2　铝-石墨(Gr)-铋复合物和铝-石墨烯纳米片(GNS)-铋复合物的组成及球磨时间

活性铝复合物	组分的质量/g					球磨时间/h
	铝粉	微米铋(micron Bi)	纳米铋(nano Bi)	石墨(Gr)	石墨烯纳米片(GNS)	
Al-10%Bi	90	10	—	—	—	4
Al-7.5%Bi-2.5%Gr	90	7.5	—	2.5	—	4
Al-7.5%Bi-2.5%GNS	90	7.5	—	—	2.5	4
Al-7.5%nano Bi-2.5%Gr	90	—	7.5	2.5	—	4
Al-7.5%nano Bi-2.5%GNS	90	—	7.5	—	2.5	4
Al-5%nano Bi-5%GNS	90	—	5	—	5	4
Al-9%nano Bi-1%GNS	90	—	9	—	1	4

4.2　含不同厚度石墨烯材料及不同粒径铋铝复合物的表征

图 4-1 所示为原始铝粉、GNS、纳米铋、微米铋和 Gr 的 SEM 图像。可以看出,原始铝粉颗粒呈现出规则的球形形貌。石墨烯纳米片具有层状结构,纳米铋粒子的粒径大约为 150 nm,并且显示出团聚现象。微米铋粒子为不规则的形

貌,石墨为厚度较厚的片状形貌。图 4-2 所示为试验所用的纳米铋粉和微米铋粉粒子的粒度分布图。在测试过程中,分别对分散在乙醇中的纳米铋粉和微米铋粉进行充分地超声分散。测试结果显示,纳米铋和微米铋粉具有相似的粒度分布,说明纳米铋颗粒具有明显的团聚现象。纳米铋和微米铋粉的表观中值粒径(D_{50})分别为 29.5 μm 和 44.8 μm。

图 4-1　原始铝粉、GNS、纳米铋、微米铋和 Gr 的 SEM 图像

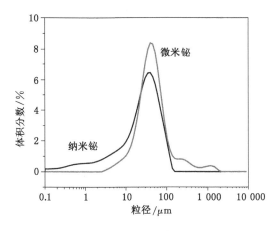

图 4-2　纳米铋粉和微米铋粉的粒度分布图

图 4-3 和表 4-3 分别为不同球磨时间所制备得到的 Al-7.5% nano Bi-2.5%GNS 的 SEM 图像及比表面积。可以看出,当球磨时间为 2 h 时,所制备

的铝复合物中有许多椭圆形铝颗粒,其比表面积为 9.7 m^2/g,低于其他所有样品的比表面积。研究结果表明,较短的球磨时间使得铝粒子不能得到充分的形变。当球磨时间增加至 3 h,之前的椭圆形粒子逐渐消失,并且形成了大量片状粒子。粒子的比表面积相较于 2 h 球磨时间所制备的样品也有所增加。当球磨时间增加至 4 h,铝复合物中的片状粒子的数目继续增加。球磨过程中磨球可以通过挤压铝颗粒而有效地破坏存在于铝表面的氧化铝膜,使粒子表面产生许多错位和裂纹,从而使铝粒子的比表面积达到最大值 15.4 m^2/g。然而,随着球磨时间的继续增加,铝粒子的形貌开始发生变化,并且其比表面积开始变小。

(a) 2 h

(b) 3 h

(c) 4 h

(d) 5 h

图 4-3　不同球磨时间制备的 Al-7.5‰nano Bi-2.5‰GNS 的 SEM 图像

图 4-4 所示为不同球磨时间所制备的 Al-7.5‰nano Bi-2.5‰GNS 复合物的粒度分布图。可以看出,随着球磨时间的增加,Al-7.5‰nano Bi-2.5‰GNS 复合物的中值粒径(D_{50})先增大、后减小,在 5 h 时达到了最小值。球磨 5 h 所制备的 Al-7.5‰nano Bi-2.5‰GNS 复合物由于延长了球磨时间,颗粒的形貌发生了显著变化,铝复合物颗粒粒子的粒径变小。

表 4-3　不同球磨时间制备得到的 Al-7.5％nano Bi-2.5％GNS 复合物的比表面积

球磨时间/h	比表面积/(m² · g⁻¹)	球磨时间/h	比表面积/(m² · g⁻¹)
2	9.7	4	15.4
3	13.2	5	14.6

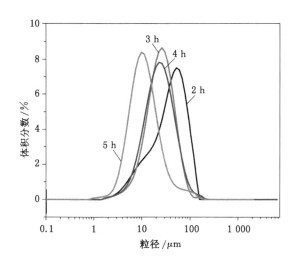

图 4-4　不同球磨时间制备的 Al-7.5％nano Bi-2.5％GNS 的粒度分布图

　　为了探究球磨条件对铝的水解反应性能的影响,我们测定了不同球磨时间制备的 Al-7.5％nano Bi-2.5％GNS 在 20 ℃条件下的产氢曲线图,如图 4-5 所示。研究结果表明,随着球磨时间的增加,活性铝复合物的水解反应速率以及产氢体积均有所增加,当球磨时间为 4 h 时,产氢体积以及最大产氢速率都达到了最大值。可以看出,充足的球磨时间可以使复合物 Al-7.5％nano Bi-2.5％GNS 获得更优异的水解性能。然而,当球磨时间为 5 h 时,复合物的水解反应速率以及产氢体积均开始明显减小。

　　图 4-6 所示为所制备的 Al-10％Bi、Al-7.5％Bi-2.5％Gr、Al-7.5％Bi-2.5％GNS、Al-7.5％nano Bi-2.5％Gr、Al-7.5％nano Bi-2.5％GNS、Al-5％nano Bi-5％GNS 和 Al-9％nano Bi-1％GNS 复合物的 SEM 图像及 EDS 能谱图。可以看出,所有样品均展示出比原始铝粉颗粒粒径更大的尺寸,并且这些粒子都具有片状的形貌。铝-碳-铋复合物、石墨烯纳米片(GNS)和石墨(Gr)的比表面积见表 4-4。可以看出,添加的催化剂金属 Bi 以及石墨类材料可以影响所制备的活性铝复合物的比表面积。这是由于石墨烯纳米片相较于石墨具有更大的比表面积以及更小的密度,纳米级 Bi 粉比微米级 Bi 粉粒子具有

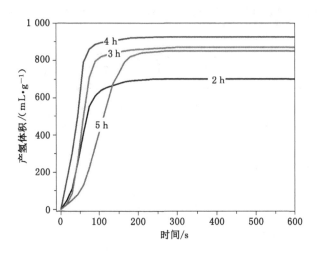

图 4-5　不同球磨时间制备的 Al-7.5‰nano Bi-2.5‰GNS 在 20 ℃初始温度下的产氢曲线

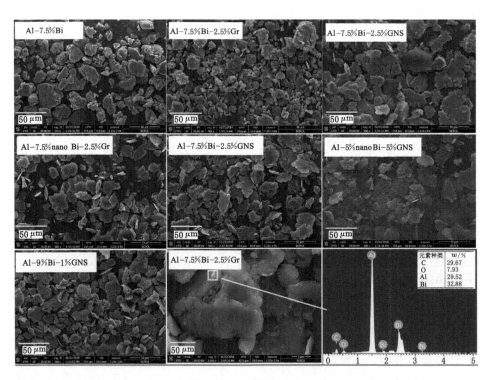

图 4-6　几种铝复合物的 SEM 图像及 EDS 能谱图的 SEM 图像

更大的比表面积和更小的密度。结合 Al-7.5%Bi-2.5%Gr 复合物的放大 SEM 图像以及粒子表面的 EDS 能谱图可以看到,金属 Bi 和石墨材料可以在球磨过程中嵌入铝基体中形成铝复合物。

表 4-4　铝-碳-铋复合物、GNS 和 Gr 的比表面积

样品	比表面积 /(m² · g⁻¹)	样品	比表面积 /(m² · g⁻¹)
Al-10%Bi	12.5	Al-5%nano Bi-5%GNS	19.6
Al-7.5%Bi-2.5%Gr	12.7	Al-9%nano Bi-1%GNS	14.1
Al-7.5%Bi-2.5%GNS	12.9	GNS	30.5
Al-7.5%nano Bi-2.5%Gr	13.8	Gr	16.5
Al-7.5%nano Bi-2.5%GNS	15.4		

图 4-7 所示为所制备的铝-碳-铋复合物的粒度分布图。可以看到,样品 Al-7.5%Bi-2.5%Gr 具有较小的粒径,而其他的样品则具有相似的粒径。可以看出,GNS 对活性铝复合物形貌的影响。不同含量的纳米铋与 GNS 所制备的复合物具有相似的形貌,并且其粒径分布也相似。但是,从比表面积结果中可以看出,随着 GNS 含量的增加,活性铝复合物粒子的比表面积也会随之增加。

图 4-8 所示为复合物 Al-7.5%Bi-2.5%Gr、Al-7.5%Bi-2.5%GNS、Al-7.5%nano Bi-2.5%Gr、Al-7.5%nano Bi-2.5%GNS,Al-5%nano Bi-5%GNS 和 Al-9%nano Bi-1%GNS 的 SEM 图像、EDS 面扫图像及背散射图像。由 EDS 面扫图可以看出,对于所有的铝-碳-铋复合物,C 元素都均匀地附着在铝粒子的表面,在 Al 粒子的表面上分布有元素 Bi。为了进一步探索金属 Bi 在铝粒子表面的分布形态,我们还测试了这些复合物的背散射图像。对于复合物 Al-7.5%Bi-2.5%Gr 和 Al-7.5%Bi-2.5%GNS 来说,原始微米尺寸的金属 Bi 球磨后以纳米分散的形式随机附着在 Al 粒子的表面上,但仍有较大的 Bi 粒子附着在 Al 粒子表面上。但是,对于添加了纳米铋的铝复合物样品,金属 Bi 均是以纳米尺寸分布在 Al 粒子表面上,并没有发现较大 Bi 颗粒的分布。这表明,尽管从纳米铋的 SEM 中可以观察到其粒子都团聚成较大的颗粒而具有较大的粒径,但在球磨过程中团聚的 Bi 颗粒可以被磨球分散成更小的纳米级的颗粒。Bi 粒子与 Al 的附着点越多,铝复合物水解过程中形成的反应活性位点就越多,也会导致更多的原电池反应,从而可以加速铝的水解反应。图 4-9 所示为铝-碳-铋复合物球磨过程示意图。

图 4-10 所为所制备的铝-碳-铋复合物的 XRD 图谱。研究结果表明,铝-碳-铋复合物具有 Al 和 Bi 独立的结晶衍射峰,这表明复合物在球磨过程中金属铝和铋之间没有形成合金相。Okamoto 等人[190]在之前的工作中研究了 Al-Bi 二元合金的二元相图,发现 Al 和 Bi 不能形成固溶体,这也验证了 Al 和 Bi 不能成合金。同时,从图中还可以观察到,石墨烯纳米片和石墨的精细结晶峰,说明石墨类材料在球磨过程中也没有与铝反应形成新的晶相。

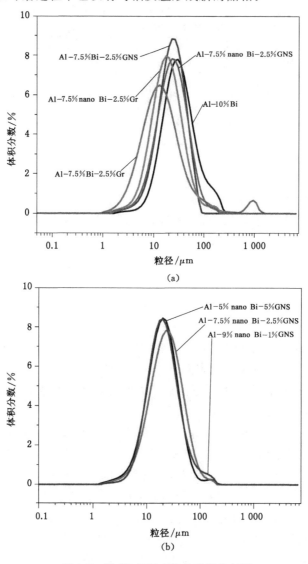

图 4-7　铝-碳-铋复合物的粒度分布图

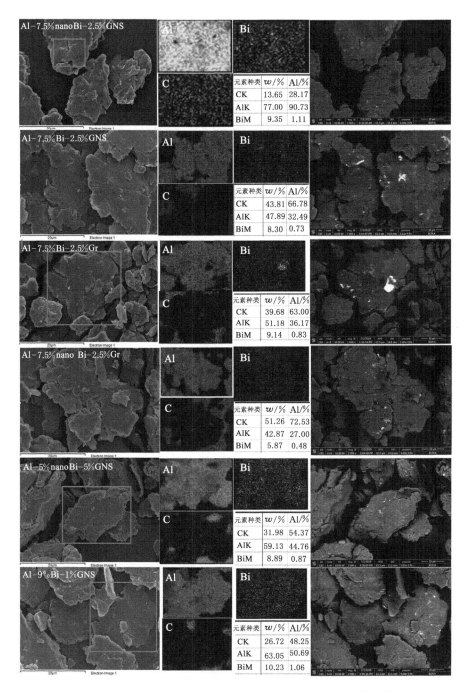

图 4-8　几种复合物的 SEM 图像、EDS 面扫图像及背散射图像

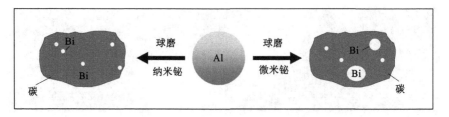

图 4-9　铝-碳-铋复合物球磨过程示意图

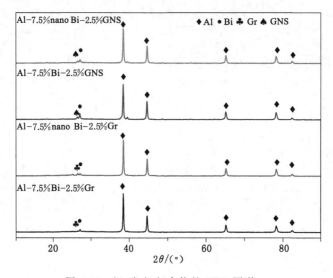

图 4-10　铝-碳-铋复合物的 XRD 图谱

4.3　含不同厚度石墨烯材料及不同粒径铋铝复合物的水反应性能调控

图 4-11 所示为铝/碳/铋复合物在 20 ℃初始温度下的产氢曲线,其水解反应参数如表 4-5 所列。所有活性铝复合物与水在标准大气压和 20 ℃初始温度下反应的理论产氢体积为 1 203 mL/g。可以看出,所有的活性铝-碳-铋复合物和 Al-10％Bi 都可以快速地发生水解反应,并且活性铝-碳-铋复合物的水解反应速率远高于 Al-10％Bi。对于活性铝-碳-铋复合物,与添加微米铋粉(Al-7.5％Bi-2.5％Gr)样品相比,添加纳米铋粉(Al-7.5％nano Bi-2.5％Gr)可以显著提高铝复合物的水解反应速率。这是由于在铝复合物的水解过程中,附着在铝粒子表面上较小的纳米铋粒子可与铝形成更多的原电池反应,从而提高活性铝复合物的水解反应速率。通过用 GNS 代替 Gr,由于 GNS 的比表面积

比 Gr 大,样品 Al-7.5％Bi-2.5％GNS 显示出比 Al-7.5％Bi-2.5％Gr 更高的水反应速率以及更高的产氢体积。这是由于在球磨过程中碳材料会阻碍铝粒子之间的冷焊作用,因而添加了具有更大比表面积的 GNS 所制备的复合物 Al-7.5％Bi-2.5％GNS 也具有更大的比表面积,进一步有利于在水解反应过程中形成更多的活性位点。

研究结果表明,当活性铝复合物粒子发生水解反应时,内部的碳材料可以逐渐从铝粒子内部脱离出来,从而可以使内部的铝暴露出来。暴露的铝可以增加铝与水反应的接触面积,并且可以提高其水反应性能。此外,由于 Gr 颗粒的厚度远大于 GNS 的厚度,并且 GNS 的比表面积比 Gr 要大得多。因此,对于添加了 GNS 的活性铝复合物样品,会有更多的碳材料进入铝粒子内部,而 Al-7.5％Bi-2.5％GNS 复合物比 Al-7.5％Bi-2.5％Gr 复合物展示出更高的产氢体积和水解反应速率。与其他样品相比,Al-7.5％nano Bi-2.5％GNS 复合物具有更优异的水解性能,在 20 ℃条件下,其最大产氢速率为 16.3 mL/(s・g),产氢体积为 925 mL/g。研究结果表明,纳米铋和 GNS 可以与铝在活性铝复合物的水解反应中发挥协同催化作用。

为了进一步探讨纳米铋与 GNS 的比例对铝水解性能的影响,在 20 ℃初始温度下具有不同 GNS 与纳米铋比例样品的产氢曲线如图 4-11 所示。研究结果表明,随着 GNS 含量的增加,活性铝复合物的水解反应速率逐渐降低。这是由于随着 GNS 含量的增加,会导致更多的 GNS 可以附着在铝颗粒表面,以至于会阻碍铝与水的反应,因此 Al-5％nano Bi-5％GNS 复合物的产氢速率和产氢体积均显著降低。当 GNS 的含量继续降低,样品 Al-9％nano Bi-1％GNS 的产氢体积与样品 Al-7.5％nano Bi-2.5％GNS 相似,而 Al-9％nano Bi-1％GNS 的产氢速率却有所下降。这是由于复合物 Al-9％nano Bi-1％GNS 颗粒的比表面积小于 Al-7.5％nano Bi-2.5％GNS 颗粒的比表面积所致。

表 4-5　铝-碳-铋复合物在 20 ℃初始温度下的产氢性能参数

活性铝复合物	最大产氢速率/（mL・s^{-1}・g^{-1}）	产氢体积/（mL・g^{-1}）
Al-10％Bi	2.1	925
Al-7.5％Bi-2.5％Gr	7.5	820
Al-7.5％Bi-2.5％GNS	15.1	875
Al-7.5％nano Bi-2.5％Gr	11.7	825
Al-7.5％nano Bi-2.5％GNS	16.3	925
Al-5％nano Bi-5％GNS	11.5	775
Al-9％nano Bi-1％GNS	16.0	920

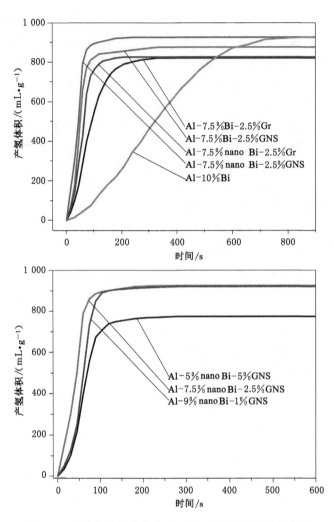

图 4-11 铝-碳-铋复合物在 20 ℃初始温度下的产氢曲线

水的初始温度对活性铝复合物水解性能有重要影响。为了探究水初始温度变化对活性铝复合物水解性能的影响,我们测试了这些铝复合物在水初始反应温度为 10~40 ℃时的产氢曲线,并通过阿伦尼乌斯方程计算了这些复合物的活化能,如图 4-12 所示。研究结果表明,随着温度的升高,复合物的水解反应速率逐渐增加。所有活性铝复合物都具有较低的活化能,而且这些活化能值都低于先前报道的 25 μm 铝粉与水之间反应的 88.7 kJ/mol 的活化能[96]。此外,由于复合物 Al-7.5%nano Bi-2.5%GNS 中同时添加了 GNS 以及纳米金属 Bi,其活化能仅为 21.8 kJ/mol,这相较于其他样品更低。

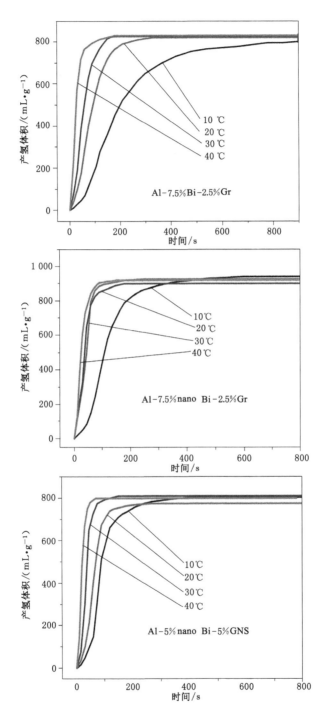

图 4-12　铝-碳-铋复合物在不同温度条件下的产氢曲线及阿伦尼乌斯图

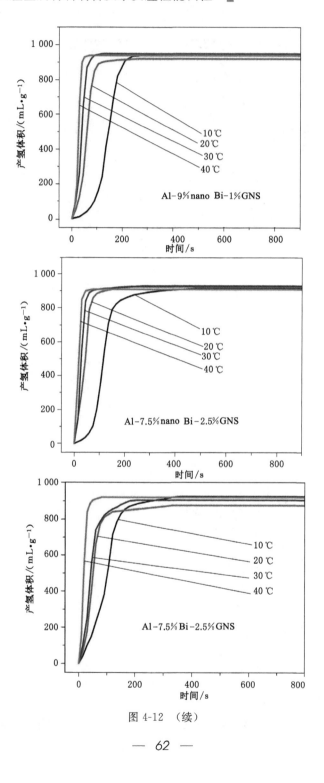

图 4-12 （续）

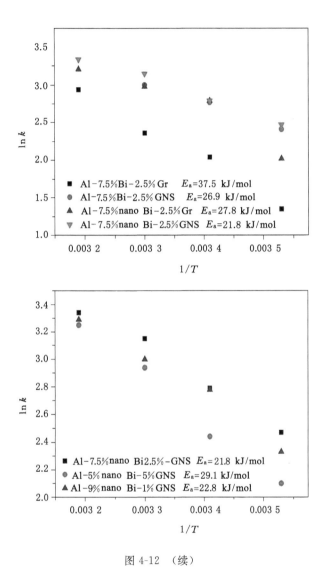

图 4-12　（续）

本章小结

　　本章通过球磨法制备了几种活性铝-碳-铋复合物，在不同初始温度条件下系统地研究了这些活性铝复合物的产氢性能，包括石墨类材料和 Bi 的粒径大小以及纳米铋与 GNS 的比例和球磨时间对铝复合物水解反应性能的影响。由于球磨 4 h 所制备的铝复合物 Al-7.5％nano Bi-2.5％GNS 在 30 ℃初始温度下的最大产氢速率可以达到 23.3 mL/(s・g)，所以该铝复合物具有较低的活化能。Al-7.5％nano Bi-2.5％GNS 优异的水解性能主要归因于所加入的 GNS 和纳米铋的协同作用。

第 5 章

含纳米铋修饰氧化石墨烯铝复合物的制备及水反应性能调控

在第 4 章中,我们研究了石墨类材料和 Bi 的粒径大小对铝复合物水解性能的影响,发现纳米铋粒子以及较薄的石墨烯纳米片可以有效地促进铝的水解反应,但石墨烯纳米片依然具有较厚的层数。所以,我们希望能够研究具有更低层数的氧化石墨烯(GO)对铝水解反应性能的影响。

氧化石墨烯由于其在水中的良好分散性、大比表面积、优异的导电性和机械性能而被广泛用于各个领域[190-192]。氧化石墨烯的表面具有许多羧基和羟基,已被广泛用作许多纳米颗粒的载体[193];同时,GO 是促进电荷分离和迁移的良好的电子受体[194]。所以,本章将基于氧化石墨烯良好的导电性和水溶性,通过水热法制备了纳米铋修饰的氧化石墨烯,并且进一步制备了活性铝/纳米铋修饰的氧化石墨烯复合物(Bi-NPs@GO-Al)。希望加入的氧化石墨烯的优异的电导性和水热法制备的 Bi 纳米粒子相较于微米 Bi 可以与 Al 形成更多的微原电池反应,可以促进铝的水解反应。为了进行比较,本章将研究由水热法合成的纳米铋所制备的 Bi-NPs-Al 复合物的水解性能。

5.1 含纳米铋修饰氧化石墨烯铝复合物的制备

5.1.1 Bi-NPs@GO 和 Bi-NPs 复合物的制备

下面采用水热法制备纳米铋修饰的氧化石墨烯复合物(Bi-NPs@GO)和纳米铋粒子(Bi-NPs)。制备方法为:

(1)首先,通过超声方法将 200 mg 的氧化石墨烯(GO)分散在 200 mL 乙二醇中；然后，将 4.5 g 的 Bi（NO₃）₃·5H₂O 溶解在 10 mL 浓度为 1.4 mol·L⁻¹ 的 HNO₃ 中。其次，将所制备的溶液加入氧化石墨烯分散溶液中；再次，将所得到的混合溶液加入 250 mL 不锈钢高压釜中，在 150 ℃ 条件下加热反应 8 h，反应完成之后，将得到的产物过滤，并用去离子水洗涤 3 次。最后，在 50 ℃ 的真空条件下干燥，即获得复合物 Bi-NPs@GO[195]。

（2）首先，将 4.5 g Bi(NO₃)₃·5H₂O 溶解在 10 mL 浓度为 1.4 mol/L 的 HNO₃ 中。然后将该溶液加入 200 mL 乙二醇中；其次，将混合溶液在 150 ℃ 条件下加热反应 8 h，反应完成之后，将得到的产物过滤并用去离子水洗涤 3 次。最后，在 50 ℃ 的真空条件下干燥，即获得 Bi-NPs。

5.1.2　Bi-NPs@GO-Al 和 Bi-NPs-Al 复合物的制备

活性铝复合物 Bi-NPs@GO-Al 和 Bi-NPs-Al 是通过 KQM-D/B 行星球磨机制备得到的。对于活性铝复合物 Bi-NPs@GO-Al 和 Bi-NPs-Al，复合物中 Al 与 Bi-NPs@GO 或 Bi-NPs 的质量比为 9∶1。球磨过程中球料比为 20∶1，加入正己烷作为抑制剂。球磨机转速为 800 r/min，球磨时间为 4 h。球磨完成之后，将活性铝复合物保存在密封管中存放。

5.2　含纳米铋修饰氧化石墨烯铝复合物的表征

5.2.1　Bi-NPs@GO 和 Bi-NPs 的表征

图 5-1 所示为所制备的复合物 Bi-NPs@GO 和 Bi-NPs 的 SEM 图像。由图 5-1(a) 可以看到，纳米铋粒子生长附着在氧化石墨烯上。制备的 Bi 粒子的粒度较为一致，粒径大约为 200 nm。复合物 Bi-NPs@GO 的 EDS 能谱表明纳米粒子中包含 Bi、C 和 O 元素。由图 5-1(b) 和图 5-1(c) 可以看出，所制备的纳米铋粒子也显示出光滑规则的球形形貌。然而，其纳米粒子的粒径分布范围较宽，一些纳米粒子有较明显的团聚现象，纳米铋粒子的粒径大于 Bi-NPs@GO 中纳米铋粒子的粒径。图 5-2 所示为复合物 Bi-NPs@GO 的 TEM 图像。同样可以看出，所制备的纳米颗粒具有规则的球形结构，均生长在氧化石墨烯的表面上。

图 5-3 所示为复合物 Bi-NPs@GO 的 XPS 图谱。结果显示，复合物中存在 C、O 和 Bi 元素。图 5-3(b) 所示为 Bi 4f 的谱，157.4 eV 和 162.6 eV 处的两个峰分别归属于 Bi 4$f_{7/2}$ 和 Bi 4$f_{5/2}$ 的峰。由图可以看出，水热法制备的纳米颗粒主要由 Bi 元素组成。图 5-3(c) 所示为 C 1s 的 XPS 谱，C 1s 的峰可以分别归属于氧化石墨烯的 C—O 峰、C—C 峰和 C═O 峰。

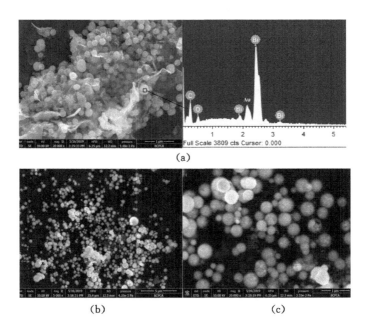

图 5-1　所制备的复合物 SEM 图像

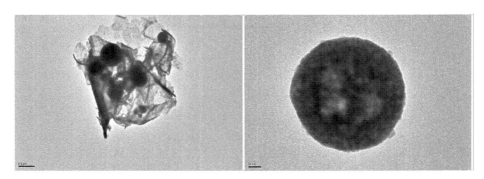

图 5-2　Bi-NPs@GO 的 TEM 图像

图 5-4 所示为复合物 Bi-NPs@GO 和 Bi-NPs 的 XRD 图谱。所有样品的结晶峰分别位于 27.1°、37.9°、39.6°、44.5°和 46.0°，这些峰是金属 Bi 的特征结晶峰。对于样品 Bi-NPs@GO，在 25°~30°附近的宽峰是氧化石墨烯的结晶峰。根据 EDS 能谱图以及 XPS 数据，可以推断出所制备的纳米颗粒为纳米铋。

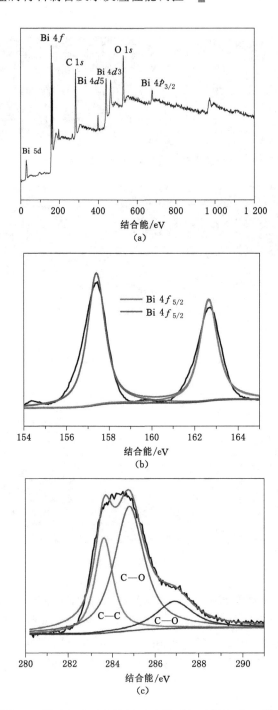

图 5-3 Bi-NPs@GO 的 XPS 全谱、Bi 4f 谱和 C 1s 谱

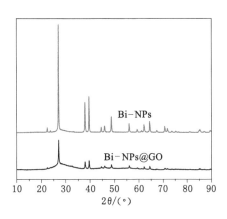

图 5-4　Bi-NPs@GO 和 Bi-NPs 的 XRD 图谱

5.2.2　活性铝复合物 Bi-NPs@GO-Al 和 Bi-NPs-Al 的表征

图 5-5 所示为活性铝复合物 Bi-NPs@GO-Al 和 Bi-NPs-Al 的 SEM 图像。样品 Bi-NPs@GO-Al 和 Bi-NPs-Al 粒子的形貌都呈现出无规则形貌,并且比原始铝粉颗粒的粒径大。在球磨过程中,磨球会挤压铝颗粒,由于铝颗粒良好的延展性,所以铝颗粒之间会发生冷焊作用,导致铝复合物的颗粒尺寸增加。图 6-6 所示为活性铝复合物 Bi-NPs@GO-Al 和 Bi-NPs-Al 的 XRD 图谱。可以看出,复合物 Bi-NPs@GO-Al 和 Bi-NPs-Al 均显示出明显的 Al 特征结晶峰和较弱的金属 Bi 结晶峰。对于样品 Bi-NPs@GO-Al,未观察到氧化石墨烯的结晶峰,这是由于氧化石墨烯的含量较低且结晶度较差。

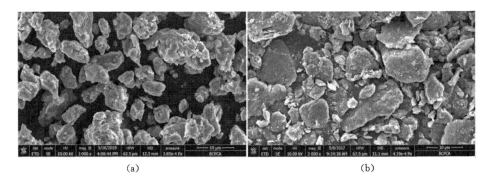

(a)　　　　　　　　　　　　　　　　(b)

图 5-5　Bi-NPs@GO-Al 和 Bi-NPs-Al 的 SEM 图像

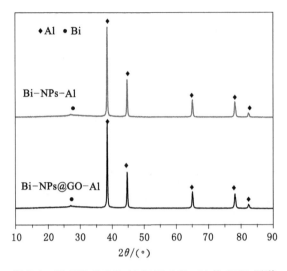

图 5-6　Bi-NPs@GO-Al 和 Bi-NPs-Al 的 XRD 图谱

图 5-7 所示为活性铝复合物 Bi-NPs@GO-Al 和 Bi-NPs-Al 的粒径分布图。可以看出,两种复合物的粒度均呈现出正态分布。复合物 Bi-NPs@GO-Al 和 Bi-NPs-Al 的中值粒径分别为 17.3 μm 和 22.9 μm,表明复合物粒子的粒度在球磨后变大,而复合物 Bi-NPs@GO-Al 的中值粒径较 Bi-NPs-Al 小。这是由于添加的氧化石墨烯可以抑制铝颗粒之间的冷焊,所以导致其粒径比 Bi-NPs-Al 小。

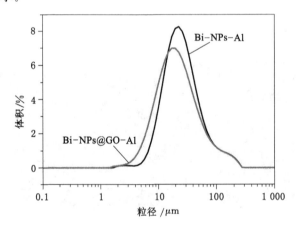

图 5-7　Bi-NPs@GO-Al 和 Bi-NPs-Al 的粒径分布图

5.3 含纳米铋修饰氧化石墨烯铝复合物的水反应性能调控

图 5-8 所示为活性铝复合物 Bi-NPs@GO-Al 和 Bi-NPs-Al 分别在初始温度为 0 ℃、10 ℃、20 ℃ 和 30 ℃ 水中的产氢曲线。可以看出,活性铝复合物 Bi-NPs@GO-Al 和 Bi-NPs-Al 都能在水中快速反应,两种复合物的产氢速率随温度升高而增加,且即使在 0 ℃ 条件下,两种复合物也可以发生水解反应。在 0 ℃、10 ℃、20 ℃ 和 30 ℃ 条件下,每克铝复合物 Bi-NPs@GO-Al 分别可以产生 940 mL、966 mL、961 mL 和 966 mL 的氢气。对于样品 Bi-NPs-Al 来说,在 0 ℃、10 ℃、20 ℃ 和 30 ℃ 条件下每克样品的分别可产生 910 mL、950 mL、960 mL 和 950 mL 的氢气。从以上研究结果可以看出,初始反应温度对这些样品的产氢体积影响很小,活性铝复合物 Bi-NPs@GO-Al 和 Bi-NPs-Al 的产氢体积较为接近。

此外,我们还研究了活性铝复合物 Bi-NPs@GO-Al 和 Bi-NPs-Al 的水解动力学。复合物 Bi-NPs@GO-Al 在 0 ℃、10 ℃、20 ℃ 和 30 ℃ 初始水温下的最大产氢速率分别为 3.5 mL/(s·g)、10.5 mL/(s·g)、17.2 mL/(s·g) 和 24.5 mL/(s·g)。而复合物 Bi-NPs-Al 在 0 ℃、10 ℃、20 ℃ 和 30 ℃ 条件下最大产氢速率分别为 1.3 mL/(s·g)、4.0 mL/(s·g)、12.3 mL/(s·g) 和 27.1 mL/(s·g)。研究结果表明,活性铝复合物 Bi-NPs@GO-Al 能与水快速发生反应,且水解反应速率更高。从以上研究结果可以看出,氧化石墨烯确实可以提高活性铝复合物的水解反应速率。此外,对于含石墨类材料的活性铝复合物来说,复合物 Bi-NPs@GO-Al 和 Bi-NPs-Al 均具有较高的产氢速率,均高于 Zhang 等人[87]之前报道的 Al-30％Bi-10％C 化合物的最大氢生成速率,即 60 ℃ 条件下为 4.5 mL/(s·g)。

通过两种活性铝复合物在不同初始温度下的最大产氢速率,用阿伦尼乌斯方程可以计算出这些复合物的活化能,如图 5-8(c)所示。研究结果表明,样品 Bi-NPs@GO-Al 的活化能(32.6 kJ/mol)比 Bi-NPs-Al(71.1 kJ/mol)更低。Bi-NPs@GO-Al 复合物优异的水解性能主要是由于氧化石墨烯上生长出的纳米级铋粒子比微米级 Bi 粒子可以与铝形成更多的微原电池反应,从而可以促进铝的水解反应。

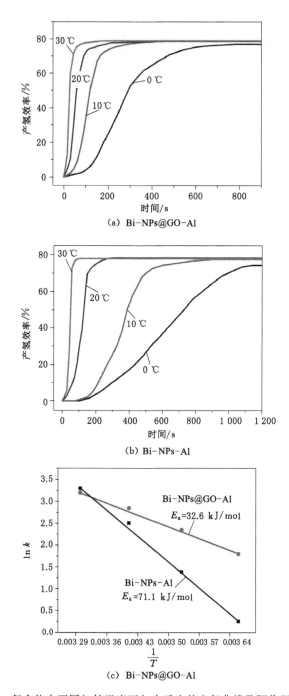

图 5-8　复合物在不同初始温度下与水反应的产氢曲线及阿伦尼乌斯图

Zhang 等人[87]发现,将石墨添加到铝基体之后,石墨和铝之间的界面可以充当水的通道,从而可以提高铝的电腐蚀反应速率。此外,低塑性的石墨也可加速铝颗粒在水解反应中的破裂,从而提高铝粒子的水解反应速率。同时,在第三章的研究中发现,碳材料可以通过球磨转移到铝基体中,使得铝颗粒内部形成多层结构。因此,在铝粒子的水解过程中,碳材料可以在水解反应过程中从铝基体中脱离出来,使内部的铝暴露出来,从而增加铝与水反应的活性位点。因此,可以推断出铝粒子中的氧化石墨烯可以通过相似的机理促进铝的水解反应。对于 Bi-NPs@GO-Al 复合物,在水解反应过程中,氧化石墨烯和铝之间的界面会变成水的通道。研究结果表明,氧化石墨烯将随着水解反应过程逐渐从铝基体中分离出来从而使内部的铝暴露出来,新暴露的铝可以加速铝的水解反应。此外,氧化石墨烯优异的导电性能也有利于 Al 和 Bi 之间的原电池反应。

为了进一步研究活性铝复合物 Bi-NPs@GO-Al 和 Bi-NPs-Al 在水解反应过程中的温度变化,我们通过红外热成像仪记录了两种铝复合物在水解过程中的表面温度变化曲线。在试验过程中,首先将 2 mL 水加入 500 mg 铝复合物上,然后记录反应区的温度变化,如图 5-9 所示。图 5-10 所示为复合物 Bi-NPs@GO-Al 和 Bi-NPs-Al 在水解反应过程中反应区域的温度变化曲线。在图 5-9 中,点 2 代表水解反应区域的温度变化。可以看出,当在铝复合物上加入水时,两个样品的水解反应区域的温度开始缓慢变化。随着时间的增加,反应区域的温度逐渐升高。当温度达到一定值时,反应开始变得激烈,反应区域的温度迅速升高。由图 5-10 可知,样品 Bi-NPs@GO-Al 反应区域的温度升高速率高于 Bi-NPs-Al,同时达到最高温度的时间也比样品 Bi-NPs-Al 的时间更短。样品 Bi-NPs@GO-Al 反应区域的温度在前 30 s 内基本没有变化,在 30 s 之后,反应区域温度开始缓慢升高,在 40 s 时达到 54 ℃。然后,水解反应开始变得剧烈,伴随着温度的急剧升高。反应区域温度在 46 s 时达到最高值 99.2 ℃,随后开始下降。对于样品 Bi-NPs-Al 而言,反应过程与样品 Bi-NPs@GO-Al 相似,而升温速率相对较慢。反应区温度在 66 s 时达到了 47.6 ℃,随后反应温度开始急剧升高,在 72 s 时达到最高的 90.8 ℃。

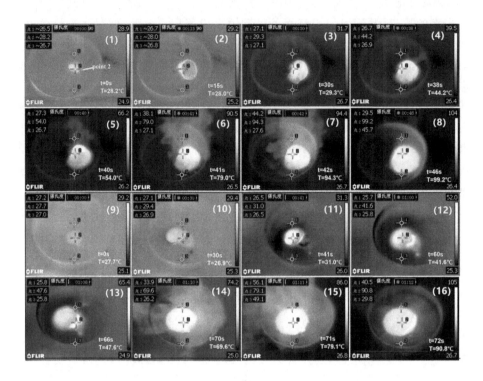

图 5-9　Bi-NPs@GO-Al 和 Bi-NPs-Al 的红外热成像图

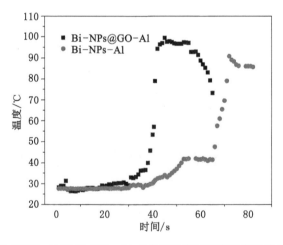

图 5-10　Bi-NPs@GO-Al 和 Bi-NPs-Al 在水解反应过程中反应区域的温度变化曲线

本章小结

本章采用水热法制备了纳米铋修饰的氧化石墨烯复合物 Bi-NPs@GO 和纳米铋粒子 Bi-NPs,还制备了活性铝复合物 Bi-NPs@GO-Al 和 Bi-NPs-Al。研究结果表明,活性铝复合物 Bi-NPs@GO-Al 和 Bi-NPs-Al 具有良好的水解反应性能,即使在 0 ℃条件时也可以发生水解反应。由于氧化石墨烯和纳米铋的协同作用,所以 Bi-NPs@GO-Al 展示出更好的产氢性能。

第 6 章

含氧化石墨烯和碳纳米管铝复合物的制备及水反应性能调控

在前几章中,我们发现具有二维结构的石墨和石墨烯纳米片以材料可以有效地催化活性铝复合物的水解反应。但是,关于具有层数更薄的氧化石墨烯以及具有三维结构的碳纳米管材料对于活性铝复合物水解反应的催化作用研究还需要详细开展。

本章我们同样采用机械球磨法制备含有氧化石墨烯(GO)和碳纳米管(CNT)的活性铝复合物材料,并且详细研究铝-铋-氧化石墨烯(Al-Bi-GO)和铝-铋-碳纳米管(Al-Bi-CNT)复合物在水中的产氢性能。通过对水解反应产物的分析,推断氧化石墨烯和碳纳米管对活性铝复合物材料水反应活性的影响。

6.1 含氧化石墨烯和碳纳米管活性铝复合物的制备

本章使用的两种活性铝复合物样品均通过 QXQM-8 型行星式球磨机制备而成。具体参数如下:钢球与粉体的质量比(球料比)为 20∶1;球磨机转速为 600 r/min;不锈钢球的直径分别为 3 mm、5 mm、8 mm 和 10 mm;设定两组球磨时间为 2 h 和 3 h,正转 10 min、反转 10 min、间歇 2 min。球磨机运转时,钢球高速碰撞产热,容易导致粉体和空气反应。因此,每个球磨罐中需加入 70 mL 的正己烷作为抑制剂,防止铝复合物与空气接触,避免发生安全事故。表 6-1 为这两种活性铝复合物的组分。此外,制备好的活性铝复合物,在烘干后应立即装入袋中以防止进一步氧化。

表 6-1　活性铝复合材料的组分

活性铝复合物	质量分数/%			
	铝粉	铋粉	碳纳米管（CNT）	氧化石墨烯（GO）
Al-Bi-CNT	90	7	3	—
Al-Bi-GO	90	7	—	3

6.2　含氧化石墨烯和碳纳米管活性铝复合物的表征

图 6-1 所示为原材料的 SEM 图像。由图 6-1 可以看出，铝粉和铋粉分别是球形和块状颗粒，碳纳米管由于其独特的一维纳米结构而团聚在一起[196]，氧化石墨烯则呈现出经典的"褶皱"状结构。球磨时间为 3 h 铝-铋-碳纳米管和铝-铋-氧化石墨烯复合物的 SEM 图像如图 6-2 所示。由图 6-2 可以看出，有碳纳米管存在的铝-铋复合物呈现出片状的结构，而铝-铋-氧化石墨烯复合物则呈现块状结构。EDS 的元素分布图及元素含量表明，原材料在球磨过程中充分混合，碳材料以及 Bi 均匀地分布在活性铝复合物的表面上。XRD 图谱也展示了所制备的活性铝复合物材料没有新的合金相形成，原材料仅以物理的方式结合在一起。

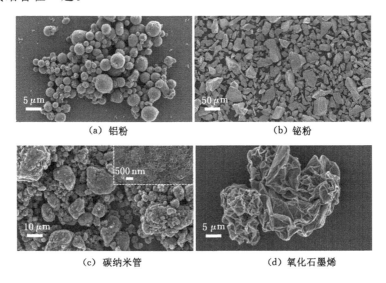

（a）铝粉　　　　　　　　　　（b）铋粉

（c）碳纳米管　　　　　　　　（d）氧化石墨烯

图 6-1　原材料的 SEM 图像

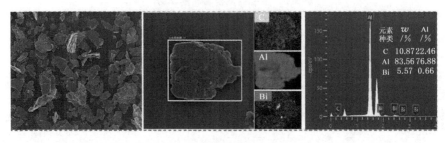

(a) 铝-铋-碳纳米管

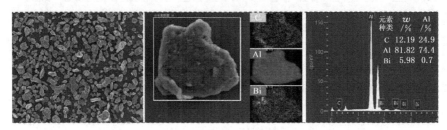

(b) 铝-铋-碳纳米管

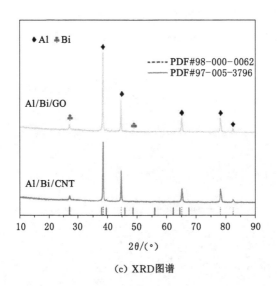

(c) XRD图谱

图 6-2　球磨时间 3 h 铝-铋-碳纳米管和铝-铋-
氧化石墨烯复合物的 SEM 图像及 XRD 图谱

6.3 含氧化石墨烯和碳纳米管活性铝复合物的水反应性能调控

　　首先,我们研究了球磨时间对活性铝复合物水解反应性能的影响。图 6-3(a)所示为不同球磨时间下 Al-Bi-CNT 的产氢曲线图。当球磨时间为 2 h 和 3 h 时,Al-Bi-CNT 的最大产氢速率分别为 19.8 mL/(s·g) 和 34.6 mL/(s·g)。其中,球磨 3 h 制备的 Al-Bi-CNT 产氢量可以达到 1 075 mL/g。图 6-4 所示为 Al-Bi-CNT 复合物球磨 1 h 和 3 h 后的 SEM 图像。由图 6-4(a)可知,活性铝复合物中存在圆形的原料铝颗粒,说明过短的球磨时间并不能使铝和铋充分地结合。由图 6-4(b)可以明显地观察到,Al-Bi-CNT 复合物中存在典型的层状结构,说明在球磨过程中原材料在受到高速运转钢球的挤压下可以发生层层堆叠的现象。因此,球磨时间越长,活性铝复合物材料所形成的新表面就越多。Al-Bi-GO 与 Al-Bi-CNT 复合材料展示出相似的水解反应规律。Al-Bi-GO 活性铝复合物的产氢体积和最大产氢速率也在球磨时间为 3 h 时达到最大值。由此可以推断,较短的球磨时间无法充分研磨原材料,进而难以形成更多新的表面。

　　温度同样是影响活性铝复合物水解性能的因素之一。图 6-5(a)和图 6-5(b)所示分别为 Al-Bi-CNT 和 Al-Bi-GO 在不同初始温度下的产氢曲线。可以看出,随着温度的升高,它们的最大产氢速率不断变大,而最大产氢体积则没有明显变化。同时,利用不同初始温度下的最大产氢速率可以计算活性铝复合物的阿伦尼乌斯曲线,并分析它们的反应动力学[197]。

　　通过图 6-5(c)中的阿伦尼乌斯曲线可以计算出 Al-Bi-CNT 和 Al-Bi-GO 的反应活化能,分别为 6.35 kJ/mol 和 15.87 kJ/mol。较低的活化能意味着活性铝复合物材料在水解反应过程中有更低的反应能垒,使 Al-Bi-CNT 在 10~40 ℃ 的最大产氢速率高于 Al-Bi-GO,如图 6-5(d)所示。当初始温度超过 40 ℃ 后,Al-Bi-GO 的最大产氢速率反而超过了 Al-Bi-CNT。造成该结果的原因可能与碳纳米管和氧化石墨烯电导率的温度依赖性有关。碳纳米管是一种优良的电导体,导热性好,温度对其电导率影响不大,电子在碳纳米管上的传递受温度影响较小[198-199]。随着温度的升高,氧化石墨烯的电阻降低,电导率增加[116,200]。电导率越高,电子迁移速度越快,而水解是一种失电子的化学反应。因此,在相对较高的温度下,Al-Bi-GO 的最大产氢速率就会高于 Al-Bi-CNT 复合物。表 6-2 为不同初始温度下活性铝复合物的产氢体积。可以看出,Al-Bi-GO 的产氢体积高于 Al-Bi-CNT。这是由于碳纳米管的表面积比氧化石墨烯大,使得 Al-Bi-CNT 与空气的接触面积高于 Al-Bi-GO,而降低了活性铝复合物的含量。

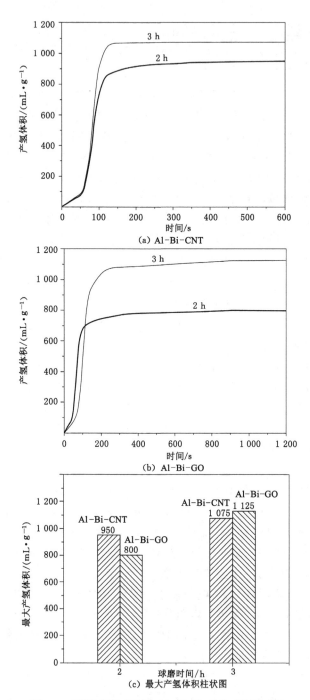

(a) Al-Bi-CNT

(b) Al-Bi-GO

(c) 最大产氢体积柱状图

图 6-3　不同球磨时间下 Al-Bi-CNT 的产氢曲线

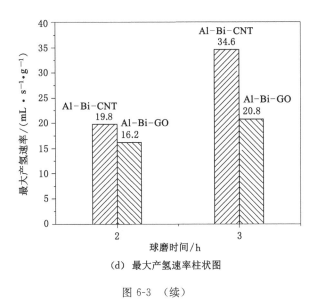

（d）最大产氢速率柱状图

图 6-3　（续）

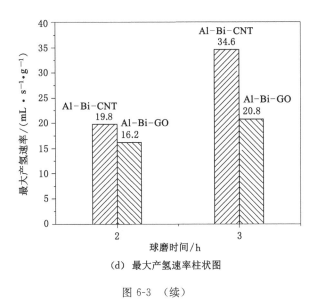

（a）1 h

（b）3 h

图 6-4　Al-Bi-CNT 复合物球磨 1 h 和 3 h 后的 SEM 图像

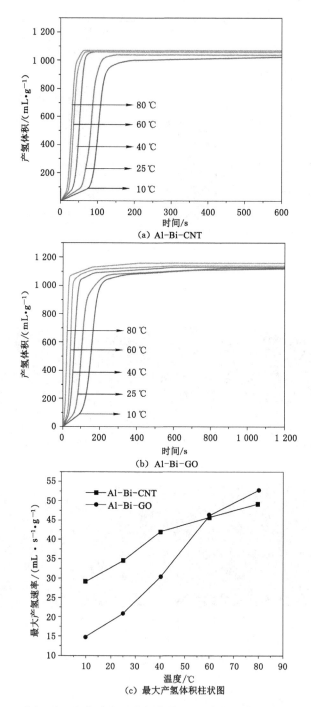

(a) Al-Bi-CNT

(b) Al-Bi-GO

(c) 最大产氢体积柱状图

图 6-5　不同温度下铝复合物的产氢曲线、最大产氢速率及阿伦尼乌斯图

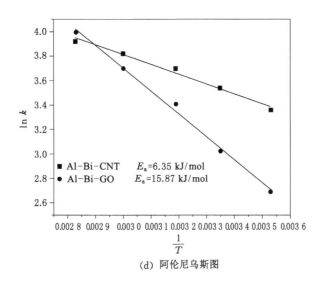

(d) 阿伦尼乌斯图

图 6-5 (续)

表 6-2 不同初始温度下活性铝复合物的产氢体积

铝复合物	最大产氢体积/（mL·g^{-1}）				
	10 ℃	25 ℃	40 ℃	60 ℃	80 ℃
Al-Bi-CNT	1 000	1 040	1 060	1 060	1 070
Al-Bi-GO	1 120	1 125	1 130	1 140	1 160

6.4 含氧化石墨烯和碳纳米管活性铝复合物的水解反应机理研究

探究活性铝复合物与水反应的机理有助于进一步了解金属燃料的水反应进程，为制备高能绿色的金属燃料提供理论思路。据此，本章主要通过研究活性铝复合物的腐蚀电位以及与水反应时溶液 pH 值、温度的变化揭示 Al-Bi-CNT 和 Al-Bi-GO 的水反应机理。

图 6-6 所示为两种活性铝复合物的 Tafel 曲线以及反应过程中温度和 pH 值随时间的变化曲线图。

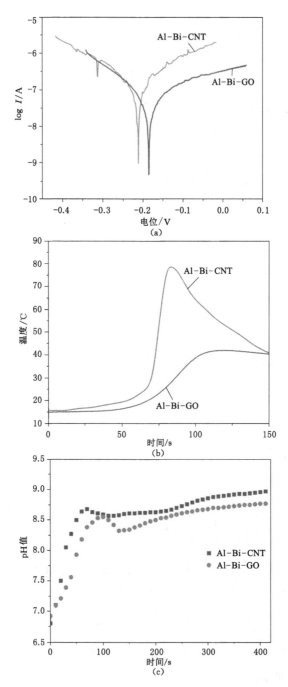

图 6-6 活性铝复合物的 Tafel 曲线、温度变化曲线、
pH 值变化曲线及水解产物 XRD 图谱

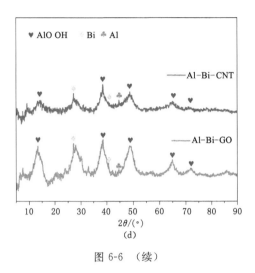

图 6-6 （续）

研究结果表明，Al-Bi-CNT 和 Al-Bi-GO 的腐蚀电位分别为 -0.21 V 和 -0.18 V，说明具有更低腐蚀电位的活性铝复合物 Al-Bi-CNT 更容易发生水解；同时，Al-Bi-CNT 的腐蚀电流（9.9×10^{-10} Å，1 Å$=0.1$ nm）比 Al-Bi-GO（4.8×10^{-10} Å）高，说明 Al-Bi-CNT 更容易发生水解。由温度变化曲线可以看出，Al-Bi-CNT 在反应区的升温比 Al-Bi-GO 更快，在更短的时间内达到最高温度值。Al-Bi-CNT 的反应区温度在前 50 s 缓慢升高，在 66 s 时达到 25 ℃。随着水解反应加剧，温度急剧上升，在 83 s 时反应区温度达到最大值 78.5 ℃，而后开始下降。而 Al-Bi-GO 的升温速率相对较慢，反应区温度在前 50 s 内几乎没有变化，随着反应温度缓慢升高，在 117 s 时才达到最大值 42 ℃。由活性铝复合物的 pH 值变化曲线图可以看出，Al-Bi-CNT 和 Al-Bi-GO 水解过程的 pH 值变化规律和它们反应区域温度的变化规律是相似的。Al-Bi-CNT 的 pH 值在 70 s 时达到最大值 8.7，而 Al-Bi-GO 的 pH 值在 100 s 时才达到最大值 8.6。图 6-6(d) 所示为 Al-Bi-CNT 和 Al-Bi-GO 复合物水解产物的 XRD 图谱，它们的水解产物主要为 AlO(OH)。研究结果表明，AlO(OH) 的多孔结构可以促进铝的水解反应[117,188,201]，这与图 6-7 中的 SEM 图像和 EDS 结果相一致。总之，碳纳米管相较于氧化石墨烯可以进一步提高活性铝复合物的水解反应性能。

为了进一步探索活性铝复合物的水解反应机理，在水解过程中使用乙醇对两种活性铝复合物进行淬灭处理并收集它们的中间水解产物。水解过程可以根据反应速率的快慢分为三个阶段：50 s 之前为初期反应阶段，50～150 s 为中期反应阶段，150 s 之后为末期反应阶段。图 6-8 所示为 Al-Bi-CNT 和 Al-Bi-GO

(a) Al-Bi-CNT

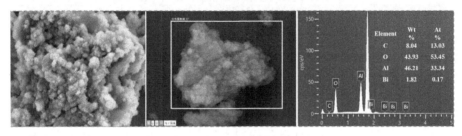

(b) Al-Bi-GO

图 6-7　Al-Bi-CNT 及 Al-Bi-GO 水解产物的 SEM 图和 EDS 图谱

在不同反应阶段的 SEM 图像。Al-Bi-CNT 水解反应产物的表面在水解的早期和中期阶段是粗糙的,图 6-8(a)中的红色圆圈说明氢气溢出时产生的小孔数量逐渐增加。相比之下,Al-Bi-GO 的水解反应产物表面光滑,氢气溢出过程中产生的少量小孔直到水解中期才开始出现。这与它们的水解速率有关,Al-Bi-CNT 的水解能快速放热,当层状复合物裂解时,氢气迅速溢出,水分子迅速包裹未反应的颗粒。如图 6-8(b)所示,Al-Bi-CNT 复合物是逐层参与水解反应的,产物剥离的过程中会形成新的表面,进而加速水解。Al-Bi-GO 的水解速率较慢,随着水解的进行,产物逐渐溶解。只有表面产物在水中剥离后,水分子才能与未反应的复合物接触。因此,不同的石墨材料对活性铝复合物的水解有不同的影响。Al-Bi-CNT 和 Al-Bi-GO 表现出不同的水解过程,Al-Bi-CNT 复合物具有更快的水解速率。

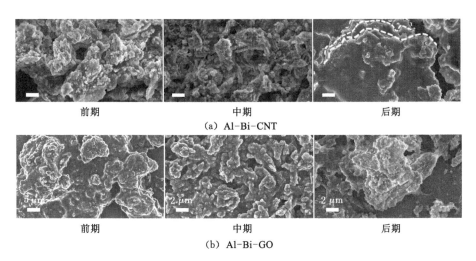

图 6-8　Al-Bi-CNT 及 Al-Bi-GO 水解过程的 SEM 图像

本章小结

本章利用高能球磨法制备了铝-铋-碳纳米管(Al-Bi-CNT)和铝-铋-氧化石墨烯(Al-Bi-GO)两种活性铝复合物,并且研究了它们的产氢性能和水反应机理。研究结果表明,Al-Bi-CNT 比 Al-Bi-GO 有更优异的产氢性能,最大产氢速率可达 34.6 mL/(s·g)。机理研究表明,Al-Bi-CNT 有更低的活化能和腐蚀电位,并在反应时迅速放热,使 Al-Bi-CNT 在具备低反应能垒的同时拥有更高的反应活性。由此可见,不同结构碳材料对铝基复合物的水解催化有不同的影响,这为快速产氢提供了一个新思路。

第7章

含有机氟化物铝复合物的制备及水反应性能调控

在第 6 章中,我们详细讨论了含低熔点金属 Bi 和石墨类材料铝复合物的水解反应性能。尽管 Bi 和石墨类材料在铝复合物中展示出协同催化效应,但是其最大产氢速率却依然有限。由于水反应金属燃料中的铝需要与水快速发生反应,所以探索具有高水反应速率的活性铝复合物至关重要[141]。

此外,尽管有大量关于铝的水解性能的研究,但是研究仍集中在产氢效率,而只有很少的研究报道关注活性铝复合物本身在空气中的抗氧化性。例如,尽管许多活性铝粉具有较高的水解速率,但是较高的活性使它们易于在空气环境中被水蒸气氧化,从而使其失去活性[204]。因此,苛刻的保存方法(在氮气气氛中进行保护)会使这些活性铝复合物的使用成本变高。在第 2 章中,我们发现在空气中老化 20 d 后,所制备的 Al-Bi-Sn 复合物的产氢体积减小了 50% 以上。所以,研究自身具有抗氧化性的活性铝复合物是一项具有挑战性的工作。

众多研究发现,低熔点金属 Bi 可以有效地提高铝与水的反应活性,因为 Bi 和 Al 可以形成许多微原电池并加速水解反应[99,124,158]。此外,碳氟化合物具有良好的疏水性。大量研究表明,碳氟化合物可以有效地促进铝的燃烧反应[48,75,77,139,206]。在铝颗粒燃烧过程中,氟可与氧化铝壳反应形成 AlF_3,由于 AlF_3 的升华温度远低于 Al_2O_3 的升华温度,所以在铝粒子的燃烧过程中,AlF_3 的升华可以有效地减少铝粒子的团聚现象。

本章我们将铝与金属 Bi 和具有良好疏水性的碳氟化合物相结合,首次通过球磨法制备活性铝-有机氟化物-铋(Al-OF-Bi)复合物,并且对其水解性能进行系统研究,期望获得能够与水快速反应并且在空气中具有良好抗氧化性的活性铝复合物。同时,本章还将介绍这些活性复合物的水解反应机理。

7.1 含有机氟化物铝复合物的制备

本章所制备的含有机氟化物铝复合物均是通过国产的 KQM-D/B 行星球磨机所得到的。该球磨机可以进行干法球磨以及湿法球磨,其中利用湿法球磨在制备含碳元素铝复合物的过程中,所添加的溶剂可以有效地减弱磨球对铝粒子撞击的能量,可以避免铝和碳元素发生氧化还原反应而引发危险。所以,该球磨机适合含碳元素的材料与铝粉的球磨。

球磨参数如表 7-1 所列。球磨过程中球料比为 20:1,球磨过程中加入正己烷作为球磨抑制剂。球磨机转速为 800 r/min,球磨时间为 5 h。球磨完成之后,将活性铝复合物放置在密封管中保存。

表 7-1　KQM-D/B 行星球磨机球磨参数

磨球规格	材质:不锈钢,直径:5.1 mm	磨球	材质:不锈钢,直径:5.1 mm
球料比	20:1	球磨抑制剂	正己烷
球磨气氛	空气	球磨时间	5 h
转速	800 r/min		

表 7-2 为本章所制备的四种活性铝复合物 Al - 10％Bi、Al - 2.5％OF - 7.5％Bi、Al - 5％OF - 5％Bi、Al - 10％OF 的组成成分及比表面积。

表 7-2　Al-Bi、Al-OF 以及 Al-OF-Bi 复合物的组成成分及比表面积

样品	各组分的质量/g			球磨时间/h	比表面积 /(m² · g⁻¹)
	Al	Bi	OF		
Al-10％Bi	90	10	0	5	12.5
Al-2.5％OF-7.5％Bi	90	7.5	2.5	5	13.4
Al-5％OF-5％Bi	90	5	5	5	19.8
Al-10％OF	90	0	10	5	30.2

7.2 含有机氟化物铝复合物的表征

图 7-1 所示为 Al-Bi、Al-OF 和 Al-OF-Bi 复合物的 SEM 图像。由图 7-1(a)至图 7-1(d)可以看出,样品 Al-10％Bi 的颗粒为不规则的形状,并且由于铝的延展

性,其粒子的粒径大于原料铝粉粒子的粒径。样品 Al-10%OF 粒子的微观形貌为片状,这是由于有机氟化物在球磨过程中可以有效地抑制铝粒子之间的冷焊作用。复合物 Al-2.5%OF-7.5%Bi 与 Al-10%Bi 有着相似的形貌。随着有机氟化物含量的增加,活性铝复合物的粒子形貌逐渐变为片状。此外,从 Al-2.5%OF-7.5%Bi 的放大 SEM 图像可以看出,金属 Bi 颗粒附着在 Al 粒子的表面,分别见图 7-1(e)和图 7-1(f)和表 7-3。从 EDS 能谱分析结果可以看出,铝粒子表面上分布有碳元素和氟元素,这说明有机氟化物可以均匀地覆盖在 Al-OF-Bi 复合物颗粒表面。同时,从 Al-OF-Bi 复合物的比表面积测量结果中(表 7-3)可以看出,随着有机氟化物含量的增加,样品的比表面积逐渐增加。

图 7-1　Al-Bi、Al-OF 和 Al-OF-Bi 复合物的 SEM 图像

表 7-3　样品 Al-2.5%OF-7.5%Bi 的 EDS 能谱分析

元素	点 1 的元素质量分数/%	点 2 的元素质量分数/%
Al	72.23	74.58
Bi	13.97	0
C	8.86	16.09
F	0.74	1.41
O	4.20	7.92

　　活性铝复合物的微观结构变化可以通过 X 射线衍射(XRD)来测量。图 7-2(a)所示为 Al-Bi、Al-OF 和 Al-OF-Bi 复合物的 XRD 图谱。研究结果表明,样品 Al-10%OF 展示出 Al 结晶峰,其他复合物展示出 Al 结晶峰和 Bi 结晶峰。这说明在球磨过程中 Al 与 Bi 或 OF 之间没有发生化学反应形成新的晶相。

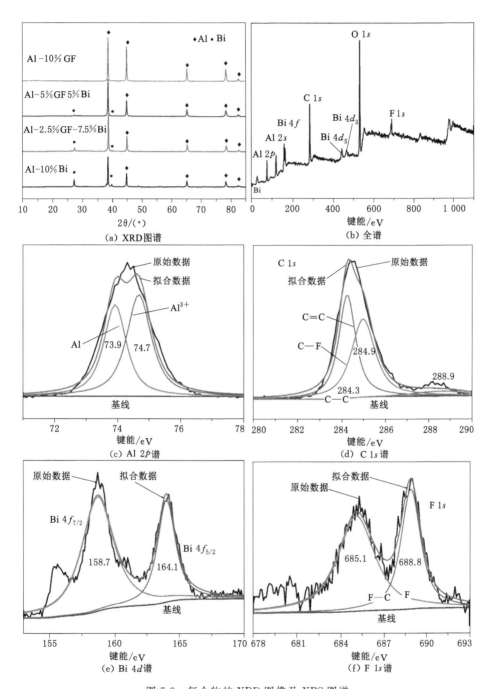

图 7-2　复合物的 XRD 图像及 XPS 图谱

图 7-2(b)至图 7-2(f)所示为样品 Al-2.5%OF-7.5%Bi 的 XPS 图谱。从 Al-2.5%OF-7.5%Bi 的全谱中可以看出,铝复合物包含 Al、C、F、Bi 和 O 元素。在图 7-2(c)中,位于 73.9 eV 和 74.7 eV 的两个峰分别归属于 Al 和 Al^{3+}。C 1s 的 XPS 谱可以分为三个峰,位于 284.3 eV、284.9 eV 和 288.9 eV 的峰分别归属于有机氟化物中的 C=C、C—F 和 C—C 的峰。Bi 的两个 XPS 信号峰表明金属 Bi 的存在。图 7-2(f)中 F 1s 的 XPS 谱归属于 F(685.1 eV)和 C—F (688.8 eV)的峰。

7.3 含有机氟化物铝复合物的水反应性能调控

图 7-3 所示为 20 ℃初始温度下自来水中 Al-Bi、Al-OF 和 Al-OF-Bi 复合物的产氢曲线。研究结果表明,样品 Al-10%OF 不能与水发生反应,这是由于铝颗粒的表面几乎被有机氟化物完全包覆,氟原子的疏水性抑制了铝与水的接触。样品 Al-10%Bi 在 15 min 内与水可以完全反应,氢体积为 930 mL/g 的氢气。添加了 2.5%OF 和 7.5%Bi 的复合物展示出优异的水解性能,比 Al-10%Bi 具有更高的产氢速率和产氢体积。当有机氟化物的含量增加到 5%时,样品 Al-5%OF-5%Bi 的最大产氢速率和产氢体积都要低于 Al-2.5%OF-7.5%Bi。可以看出,有机氟化物的加入可以有效地增加铝的水解反应性能,而活性铝复合物的最大产氢速率和产氢体积随 OF 含量的增加先增大后减小。

为了进一步研究初始反应温度对活性铝复合物水反应性能和水解动力学的影响,我们测试了所制备的活性铝复合物在不同温度下的产氢性能,如图 7-4 所示。研究结果表明,随着初始反应温度的升高,产氢速率逐渐增加。图 7-5 所示为不同的初始温度下 Al-Bi、Al-OF 和 Al-OF-Bi 复合物与水反应的最大产氢速率。与其他样品相比,样品 Al-2.5%OF-7.5%Bi 的最大产氢速率随温度的升高而急剧增加,在 50 ℃初始反应温度下,样品 Al-2.5%OF-7.5%Bi 的最大产氢速率可达 5 622 mL/(min·g)。因此,具有高水反应速率的 Al-2.5%OF-7.5%Bi 有望应用于快速产氢领域,也有望在水冲压发动机用推进剂以及水中炸药中应用。

为了进一步研究 Al-OF-Bi 复合物的水解性能,我们测试了不同初始温度条件下活性铝复合物的水反应速率,然后通过阿伦尼乌斯公式计算出活性铝复合物的活化能(E_a)。图 7-4(d)和表 7-4 分别为 Al-Bi 和 Al-OF-Bi 复合物的阿伦尼乌斯图和动力学参数。研究结果表明,复合物 Al-2.5%OF-7.5%Bi、Al-5%OF-5%Bi 和 Al-10%Bi 的活化能(E_a)分别为 44.3 kJ/mol、55.1 kJ/mol 和 65.7 kJ/mol。以上研究结果表明,样品 Al-2.5%OF-7.5%Bi 具有优异的水解性能。

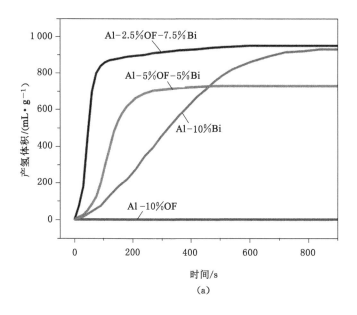

(a)

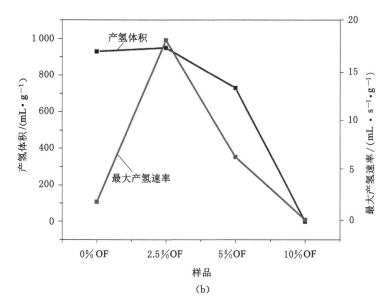

(b)

图 7-3 20 ℃初始温度下自来水中 Al-Bi、Al-OF 和 Al-OF-Bi 复合物的产氢曲线

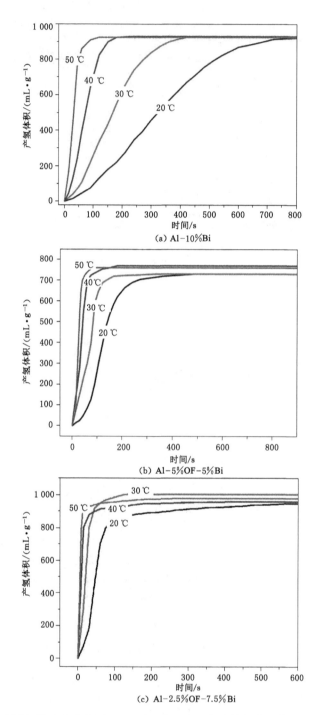

(a) Al-10%Bi

(b) Al-5%OF-5%Bi

(c) Al-2.5%OF-7.5%Bi

图 7-4 不同初始反应温度下 Al-Bi 和 Al-OF-Bi 复合物与水反应的产氢曲线

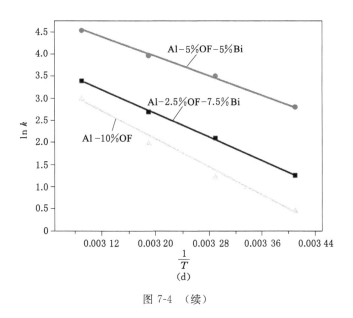

图 7-4　（续）

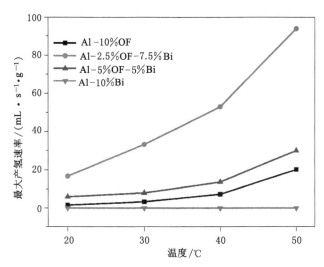

图 7-5　不同初始温度下 Al-Bi、Al-OF 和 Al-OF-Bi 复合物与水反应的最大产氢速率

表 7-4　Al-Bi、Al-OF 和 Al-OF-Bi 复合物的动力学参数

活性铝复合物	$E_a/(\text{kJ} \cdot \text{mol}^{-1})$	前因子 A/min^{-1}
Al-10%Bi	65.7	7.2×10^{11}
Al-5%OF-5%Bi	55.1	2.3×10^{10}
Al-2.5%OF-7.5%Bi	44.3	1.3×10^{9}

7.4 Al-OF-Bi 复合物的水解反应机理

为了进一步探索复合物 Al-2.5%OF-7.5%Bi 的水解反应机理,我们测试了 Al-2.5%OF-7.5%Bi 复合物粒子的横截面 SEM 图像,如图 7-6 所示。可以看出,Al-2.5%OF-7.5%Bi 复合物粒子的内部呈现出多层结构,这是由于有机氟化物在球磨过程中可以有效地抑制铝粒子之间的冷焊接作用,从而呈现出层状结构。EDS 分析结果表明,在球磨过程中,有机氟化物可以进入 Al-2.5%OF-7.5%Bi 复合物粒子的内部。

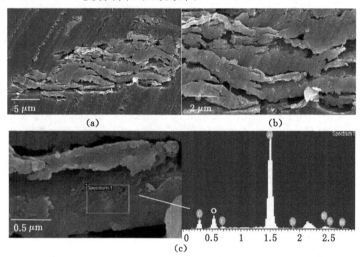

图 7-6 Al-2.5%OF-7.5%Bi 粒子的横截面 SEM 图像及其 EDS 能谱图

Al-Bi 和 Al-OF-Bi 复合物及其水解后的固体产物的粒度分布如图 7-7 和表 7-5 所列。研究结果表明,样品 Al-10%Bi 和 Al-2.5%OF-7.5%Bi 的粒子具有相似的原始粒径,Al-10%Bi 和 Al-2.5%OF-7.5%Bi 的中值粒径(D_{50})分别为 29.7 μm 和 28.0 μm。但是,Al-10%Bi 和 Al-2.5%OF-7.5%Bi 水解固体产物的粒子粒径却不相同,Al-2.5%OF-7.5%Bi 水解固体产物的中值粒径(D_{50})要小于 Al-10%Bi 的中值粒径,同时 Al-2.5%OF-7.5%Bi 的 D_{90} 也小于 Al-10%Bi 的。这是由于铝粒子在加入有机氟化物之后,复合物粒子形成了多层结构。复合物在水解过程中,水可以通过这些通道进入粒子之中,同时生成的氢气在铝粒子内部形成的张力会进一步促进复合物粒子的破裂。因此,复合物 Al-2.5%OF-7.5%Bi 的水解反应固体产物的粒径小于样品 Al-10%Bi 的水解产物粒径。

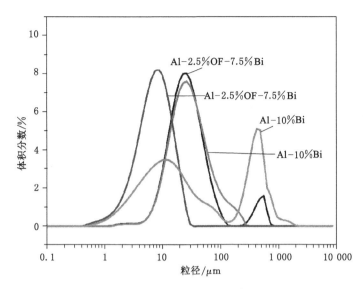

图 7-7　Al-Bi 和 Al-OF-Bi 复合物及其水解固体产物的粒度分布图

表 7-5　**Al-Bi 和 Al-OF-Bi 复合物及其水解固体产物的粒径参数**

样品	粒径/μm		
	D_{10}	D_{50}	D_{90}
Al-10%Bi	12.3	29.7	87.0
Al-2.5%OF-7.5%Bi	12.0	28.0	78.6
Al-10%Bi-hydrolysis product	3.6	23.6	554.6
Al-2.5%OF-7.5%Bi-hydrolysis product	2.9	8.1	17.2

　　图 7-8 所示为样品 Al-2.5%OF-7.5%Bi、Al-10%Bi 和 Al-10%OF 的水解反应图像。从反应过程中可以看出,当样品 Al-2.5%OF-7.5%Bi 加入水中时,它会漂浮在水的表面之上,这是由于有机氟化物的低密度和疏水性,随着铝颗粒逐渐与水发生反应,粒子逐渐沉入烧杯底部,随之发生剧烈的水解反应。Al-2.5%OF-7.5%Bi 样品与水的剧烈反应表明,由于添加的 OF 含量仅为2.5%,铝颗粒表面无法完全被 OF 覆盖,当铝复合物粒子加入水中时,复合物粒子开始与水接触,水解反应开始启动,随着反应的进行,水可以通过复合物粒子内部的裂缝进入铝颗粒内部,从而加速铝粒子的水解反应,因此铝颗粒会与水剧烈反应。而样品 Al-10%Bi 的水解反应现象则完全不同,样品加入水中以后开始沉到水底,然后开始启动并生成氢气。对于样品 Al-10%OF,由于添加了

10％OF,使得其粒子表面变得完全疏水,在添加到水中之后,Al-10％OF 复合物粒子完全漂浮在水面上,并且不能与水发生反应。

图 7-8　Al-2.5％OF-7.5％Bi、Al-10％Bi 和 Al-10％OF 的水解反应图像

通过以上结果可以推断出样品 Al-2.5％OF-7.5％Bi 的水解机理,如图 7-9 所示。在铝中添加 OF 可以使铝粒子中形成层状结构,这些层状结构可以在水解反应过程中提供许多通道,因而在水解反应过程中水可以迅速进入到铝颗粒内部。随着水解反应的进行,水分子可以进入铝颗粒的内部,Al 和 Bi 之间形成了成千上万的原电池反应,可以在短时间内产生氢气。随后,铝颗粒内部产生的氢气可以在内部产生张力,所产生的张力可以使粒子进一步破碎成更小的颗粒。从而使铝粒子与水之间的接触面积增加,水解反应速率随之迅速增加。因此,与样品 Al-10％Bi 相比,样品 Al-2.5％OF-7.5％Bi 展示出更高的最大产氢速率。对于样品 Al-5％OF-5％Bi,尽管添加 OF 也可以使铝粒子中形成层状结构,但是 OF 的含量过多会使铝粒子表面变得更加疏水,水分子无法与铝粒子充分接触,其产氢体积和最大产氢速率均低于样品 Al-2.5％OF-7.5％Bi。而对于样品

Al-10％OF,由于 OF 含量较高,铝复合物粒子表面完全被氟原子以及碳原子包覆,水分子难以与铝粒子接触,从而导致 Al-10％OF 不能与水发生反应。

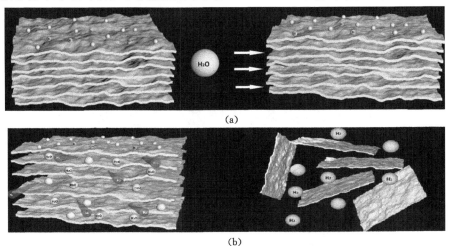

(a)

(b)

图 7-9　Al-2.5％OF-7.5％Bi 的水解反应机理图

7.5　Al-OF-Bi 复合物在空气中的抗氧化性能

由于活性金属铝复合物可以在空气环境中与水蒸气和氧气发生反应,所以高活性的铝复合物会逐渐在空气中失活。尽管保持铝复合材料活性的问题一直是其大量应用的关键,但是迄今该问题依然是一个具有挑战性的问题,限制了其大规模的生产应用。同时,尽管在氮气或真空环境中储存的方法可以有效地保持活性铝复合物的活性,但是其高昂的价格也使其难以大规模应用。为了进一步研究 Al-OF-Bi 复合物在空气中的抗氧化性能,我们将复合物在室温条件下,在相对湿度为 40％的空气环境中分别暴露 15 d 和 30 d 之后,测试了其产氢性能。图 7-10 所示为样品 Al-10％Bi 和 Al-2.5％OF-7.5％Bi 在空气中老化 30 d 之前和之后样品的宏观形貌照片。可以看出,样品 Al-10％Bi 的表面由于与空气环境中的水分反应而变黑。而对于样品 Al-2.5％OF-7.5％Bi,在空气中暴露 30 d 之后,未观察到铝复合物表面有明显的颜色变化,说明 OF 的加入可以有效地降低活性铝复合物与空气中水分和氧气的反应。

图 7-11 所示为 Al-Bi 和 Al-OF-Bi 复合物在空气环境中老化 15 d 和 30 d 后的产氢曲线。可以看出,Al-10％Bi 的产氢体积在空气环境中暴露 15 d 之后显著降低,而其他两个样品的产氢体积仅显示出轻微的降低。例如,Al-10％Bi、

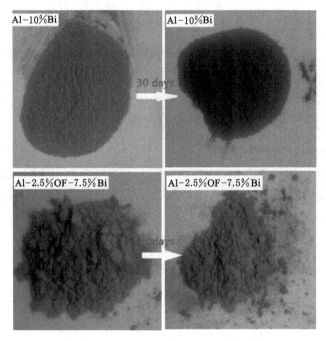

图 7-10　Al-10％Bi 和 Al-2.5％OF-7.5％Bi 在空气中老化 30 d 之前和之后的图像

Al-2.5％OF-7.5％Bi 和 Al-5％OF-5％Bi 的产氢体积在老化 15 d 之后分别减少了 275 mL、50 mL 和 40 mL。此外,所有样品的产氢速率都有明显的下降,这是由于球磨过程中形成的活性铝表面在空气环境中逐渐被空气中的氧气和水分逐渐氧化,所以显著降低了其产氢速率。所有样品的产氢体积在老化 30 d 后进一步减小,样品 Al-10％Bi、Al-2.5％OF-7.5％Bi 和 Al-5％OF-5％Bi 在空气环境中老化 30 d 之后的产氢体积与老化 15 d 之后的产氢体积相比,分别下降了 68 mL、50 mL 和 2 mL。所以,有机氟化物可以在球磨过程中有效地包覆在铝颗粒的表面,其具有疏水性的氟原子可以有效地防止铝与空气中的水分发生反应,而过量的 OF(Al-10％OF)反而会在水解反应过程中阻碍铝与水的接触。对于样品 Al-2.5％OF-7.5％Bi,因为 OF 的含量仅为 2.5％,所以球磨过程中活性铝粒子的表面不能完全被 OF 所包覆,活性铝复合物颗粒可以与水快速接触并发生反应。同样,添加的 2.5％OF 可以有效地减少铝与空气中水分的反应。

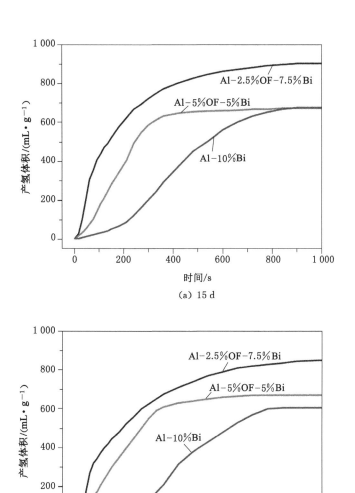

(a) 15 d

(b) 30 d

图 7-11　Al-Bi 和 Al-OF-Bi 在空气环境中老化不同时间后的产氢曲线

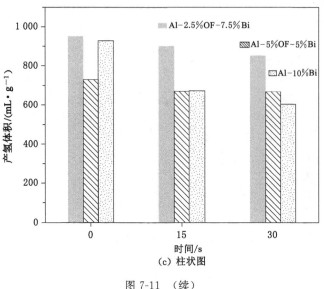

图 7-11 （续）

本章小结

    本章通过球磨法制备了一组活性 Al-Bi、Al-OF 和 Al-OF-Bi 复合物,并在不同初始温度条件下系统地研究了这些复合物的产氢性能。有机氟化物的添加可以有效地提高铝复合物的产氢性能,复合物 Al-2.5%OF-7.5%Bi 在所有样品中表现出最佳的水解性能。Al-2.5%OF-7.5%Bi 在 50 ℃初始温度下的最大产氢速率为 5 622 mL/(min·g),产氢速率的显著增加主要是由于 OF 和 Bi 的协同作用。有机氟化物的添加可以在复合物粒子内部形成层状结构,金属 Bi 的加入可以与 Al 形成许多微原电池反应,从而加速 Al 的水解反应。此外,尽管 Al-OF-Bi 复合物无法避免在空气环境中被氧气以及水分氧化,但是添加有机氟化物可以显著地减少空气环境中铝复合物与水分之间的反应。

第 8 章

含聚四氟乙烯铝复合物的制备及水反应性能调控

在第 7 章中,我们详细探索了具有二维层状结构有机氟化物材料对于活性铝复合物的水反应性能调控作用,但是关于具有线性结构的氟化物对于铝水解反应性能的促进作用还有待进一步研究。本章我们将通过球磨不同含量的铝粉、铋粉和聚四氟乙烯制备铝-聚四氟乙烯-铋(Al-Bi-PTFE)复合材料,然后详细研究这些活性铝复合物材料在不同温度条件下的水反应性能,明确 PTFE 对活性铝复合物的水反应促进作用。此外,本章还将详细研究含聚四氟乙烯铝复合物材料的水反应过程,并揭示其反应机理。

8.1 含聚四氟乙烯铝复合物的制备

所有的 Al-Bi-PTFE 复合物材料都是通过 KQM-D/B 行星球磨机制备得到的。在球磨过程中,首先将一定质量的 Al 粉、Bi 粉和 PTFE 粉放入球磨罐,然后加入 30 mL 的正己烷作为球磨反应抑制剂。不同聚四氟乙烯铝复合物材料的配方见表 8-1。在球磨过程中,球磨机的转速设定为 800 r/min,球磨时间为设定为 5 h,磨球与样品的质量比为设定为 20∶1。球磨过程中使用的研磨球是直径为 5.1 mm 的不锈钢球。球磨完成后,首先将活性铝复合材料与溶剂分离,然后在 60 ℃条件下进行干燥,最后得到相应的聚四氟乙烯铝复合物材料。

表 8-1　聚四氟乙烯基活性铝复合物材料各组分的质量

活性铝复合物	各组分的质量/g		
	Al	PTFE	Bi
Al-10Bi	90	—	10
Al-8Bi-2PTFE	90	2	8
Al-6Bi-4PTFE	90	4	6
Al-10PTFE	90	10	—

8.2　含聚四氟乙烯铝复合物的表征

图 8-1 所示为 Al-10％Bi、Al-8％Bi-2％PTFE、Al-6％Bi-4％PTFE 和 Al-10％ PTFE 的 SEM 图像。可以看出,所有的聚四氟乙烯铝复合物材料颗粒都呈现出非常不规则的形态,且铝复合物颗粒的粒径都大于 5 μm。这是由于在球磨的过程中,铝粉不断受到挤压变形,铝颗粒之间由于冷焊而黏结在一起。因此,球磨完成后的颗粒都呈现出不规则的形态,并且所有颗粒表面都形成了较多的裂纹和缺陷。

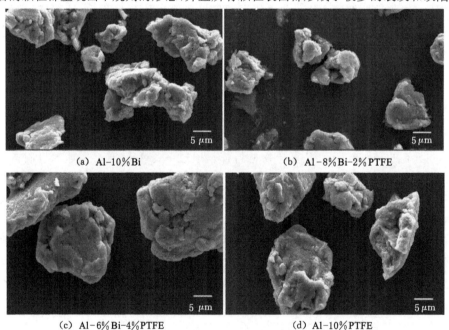

(a) Al-10％Bi

(b) Al-8％Bi-2％PTFE

(c) Al-6％Bi-4％PTFE

(d) Al-10％PTFE

图 8-1　聚四氯乙烯铝复合物材料的 SEM 图像

图 8-2 所示为 Al-8%Bi-2%PTFE 和 Al-6%Bi-4%PTFE 的 EDS 能谱图。可以看出，PTFE 和 Bi 完全附着在聚四氟乙烯铝复合物材料颗粒的表面上，F 和 Bi 元素均匀地分布在铝复合物材料的表面上。Razavi-Tousi 等人[108]同样发现，通过球磨的方法可以将 NaCl 和 KCl 均匀地附着在铝颗粒的表面上。

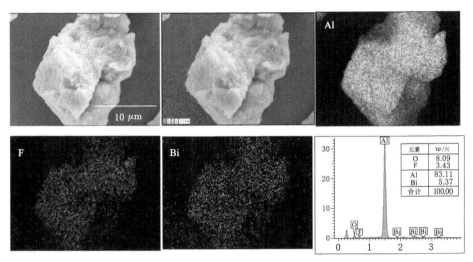

图 8-2　Al-6%Bi-4%PTFE 的 EDS 能谱图

　　XRD 图谱可以反映活性铝复合物材料的晶型结构。图 8-3 所示为聚四氟乙烯铝复合物材料的 XRD 图谱。

　　可以看出，所有的活性铝复合物材料都在 38.6°、44.8°、65.1°、78.3° 和

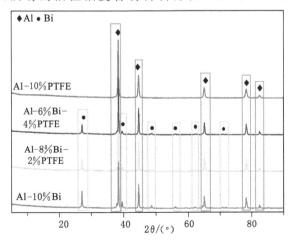

图 8-3　含聚四氟乙烯铝复合物的 XRD 图谱

82.3°处展示出铝的特征结晶峰。在 Al-10%Bi、Al-8%Bi-2%PTFE 和 Al-6%Bi-4%PTFE 的样品中检测到了明显的 Bi 的特征结晶峰,说明 Al 和 Bi 在球磨过程中没有形成新的合金相。对于 Al-10%PTFE 而言,仅检测到铝的特征结晶峰,这是由于聚四氟乙烯的较弱的结晶性造成的。

8.3　含聚四氟乙烯铝复合物的水反应性能调控

为了评价含聚四氟乙烯铝复合物材料的水解反应性能,在 20 ℃、30 ℃、40 ℃和 50 ℃的温度条件下,它们和水反应产氢的体积-时间曲线图,如图 8-4 所示。当起始温度为 20 ℃时,Al-10%Bi、Al-8%Bi-2%PTFE 和 Al-6%Bi-4%PTFE 的产氢体积分别为 203 mL、206 mL 和 128 mL。可以看出,Al-10%Bi 和 Al-8%Bi-2%PTFE 的产氢体积相当,而 Al-6%Bi-4%PTFE 复合物的产氢体积明显减少,这主要是由于较低的金属 Bi 含量会大幅度降低 Al 和 Bi 的原电池反应,从而导致其产氢性能下降。此外,在之前的研究中也发现,降低 Bi 的含量同样会大幅度减少铝水解产生的氢气体积[149]。由于样品 Al-10%PTFE 中不含 Bi,因此其完全不能与水发生反应。从产氢速率的角度来看,Al-10%Bi、Al-8%Bi-2%PTFE 和 Al-6%Bi-4%PTFE 的最大产氢速率分别为 30 mL/(s·g)、62.5 mL/(s·g)、40 mL/(s·g)。这些铝复合物在遇到水之后就开始发生反应,并没有反应的诱导期。与 Al-10%Bi 相比,Al-8%Bi-2%PTFE 和 Al-6%Bi-4%PTFE 复合物的产氢速率明显更高,这是由于 PTFE 的催化作用造成的。从上述结果可以看出,PTFE 的含量对活性铝复合物材料的水解反应速率有相当大的影响。当反应起始温度升高时,Al-10%Bi、Al-8%Bi-2%PTFE 和 Al-6%Bi-4%PTFE 的产氢速率和产氢体积与 20 ℃条件下的变化趋势相似。在 50 ℃条件下,Al-10%Bi、Al-8%Bi-2%PTFE 和 Al-6%Bi-4%PTFE 的最大氢气产生率可以分别达到 185 mL/(s·g)、215 mL/(s·g)和 130 mL/(s·g)(图 8-5)。随着 PTFE 含量的增加,活性铝复合物材料的水解反应速率先增大后减小,当 PTFE 的添加含量为 2%时,铝复合物的产氢速率达到最大值。研究结果表明,少量的 PTFE 可以显著地提高活性铝复合物材料的水解反应速率。当 PTFE 的含量继续增加、Bi 的含量逐渐减少时,会显著减少活性铝复合物材料的原电池反应数量,并降低其产氢体积。

根据活性铝复合物材料在不同温度条件下的最大产氢速率,可利用阿伦尼乌斯方程($\ln k = \ln A - \dfrac{E_a}{RT}$)计算出不同活性铝复合物的活化能。

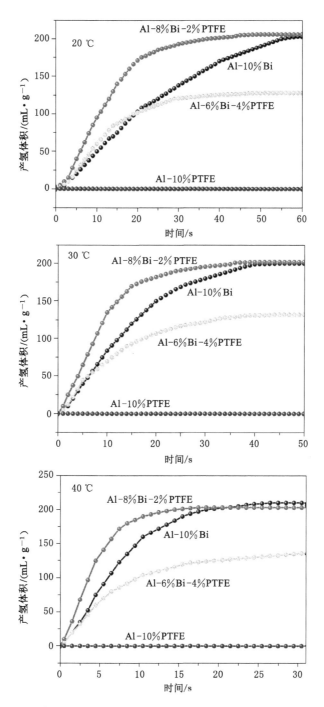

图 8-4　聚四氟乙烯基活性铝物复合材料在不同温度自来水中的产氢曲线

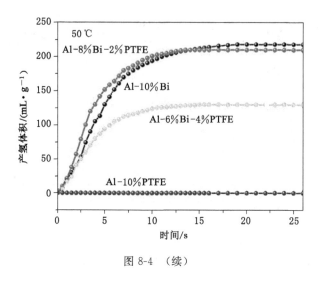

图 8-4 （续）

几种活性铝复合物材料的阿伦尼乌斯图如图 8-5 所示。研究结果表明，Al-10Bi、Al-8Bi-2PTFE 和 Al-6Bi-4PTFE 的活化能分别为 47.7 kJ/mol、34.5 kJ/mol 和 28.8 kJ/mol。Al-Bi-PTFE 的活化能低于其他文献中报道的 Mg-Graphite(67.6 kJ/mol)、Al-choline hydroxide（45.92 kJ/mol）、Al-Bi-Bi$_2$O$_3$（45.92 kJ/mol）、Al-Bi-GF(44.3 kJ/mol)、Al-Ga（43.8 kJ/mol）[121,126,180,201]，但是高于 Al-NaMgH$_3$（21.3 kJ/mol）、Al-BiOCl（26.9 kJ/mol）、Al-Bi-CNTs（28.7 kJ/mol）、Alalloy-NaCl-LiH-g-C$_3$N$_4$（14 kJ/mol）[153-154,207-209]。在不同的活性铝复合物中，含 PTFE 的铝复合物具有更低的活化能，并且活化能值随着 PTFE 含量的增加而降低。上述研究结果表明，活性铝复合物材料中的 PTFE 能有效地促进铝的水解反应性能。

8.4 含聚四氟乙烯铝复合物的水解反应机理

为了深入研究活性铝复合物材料的水解反应过程和机理，我们收集并研究了不同水解反应时间下 Al-10%Bi 和 Al-8%Bi-2%PTFE 的水解产物。由于 Al-10%Bi 和 Al-8%Bi-2%PTFE 几乎不与乙醇反应，因此在收集不同反应时间的 Al-10%Bi 和 Al-8%Bi-2%PTFE 的水解产物时，使用了大量的乙醇来淬灭活性铝复合物的水解反应，并收集了相应的水解淬灭反应产物。图 8-6 和图 8-7 所示分别为不同反应时间下 Al-10%Bi 和 Al-8%Bi-2%PTFE 水解淬灭

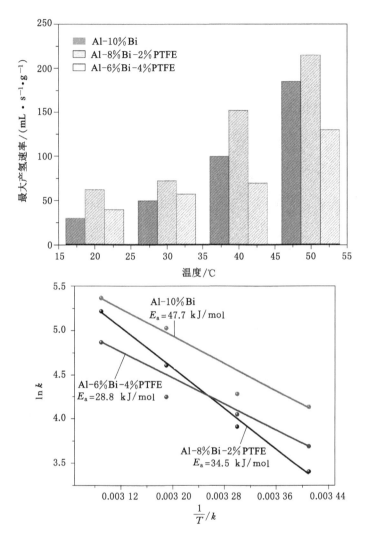

图 8-5　PTFE 基活性铝复合物材料的最大产氢速率及阿伦尼斯图

产物的 SEM 图像。可以看出,反应 2 min 和反应 4 min 的 Al-10%Bi 复合物材料水解产物的颗粒表面形貌完全不同。反应 2 min 后,Al-10%Bi 粒子的粒径几乎没有发生变化,表面仍然呈现出光滑的形貌,说明 Al-10%Bi 的表层在反应的前两分钟内只发生了微弱的水解反应。反应 4 min 后,Al-10%Bi 颗粒的表面开始变得粗糙,出现了许多微小颗粒,可以推测这些颗粒是水解反应中产生的AlOOH(图 8-6)。从 Al-8%Bi-2%PTFE 的 2 min 水解产物的粒子表面可以看出,颗粒表面有明显的凹陷,同时出现了大量裂纹和沟壑,说明 Al-8%Bi-

2%PTFE 在 2 min 内发生了明显的水解反应,随后反应将沿着颗粒表面和裂纹向内部进行。水解 4 min 后,从图像中可以看到有许多破碎的细小颗粒。从这些小颗粒的放大图还可以看出,颗粒表面发生了明显的水解反应,并且形成了大量水解产物颗粒。

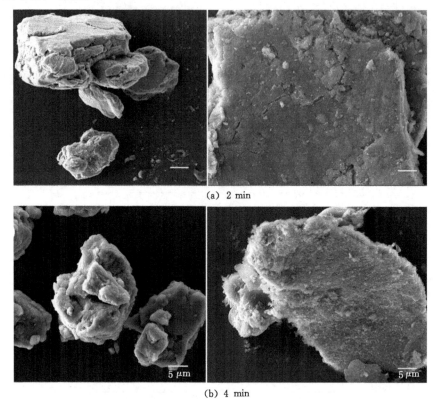

(a) 2 min

(b) 4 min

图 8-6　不同反应时间下 Al-10%Bi 水解淬灭产物的 SEM 图像

　　图 8-8 所示为 Al-10%Bi 和 Al-8%Bi-2%PTFE 复合物粒子发生水解反应 2 min 后生成物的表面形貌对比图。反应 2 min 后,颗粒表面出现了许多非常明显的裂纹,且颗粒表层变得相当粗糙,同时还出现了许多水解产物颗粒。这说明在 Al-8%Bi-2%PTFE 的水解反应过程中,PTFE 逐渐从颗粒中剥离,在铝复合物粒子的表面和内部形成了许多裂缝和沟壑。这些裂缝和沟壑可以增加活化铝复合材料颗粒的反应比表面积,从而提高水解反应速率。因此,Al-8%Bi-2%PTFE 的水解反应不仅可能从颗粒表面向内部进行,也可能从这些产生的沟壑向内部进行。就 Al-10%Bi 而言,铝复合物颗粒表面和水解反应 2 min 后的颗粒具有相似的形态。结合反应 4 min 后水解产物颗粒的形态可以看出,Al-

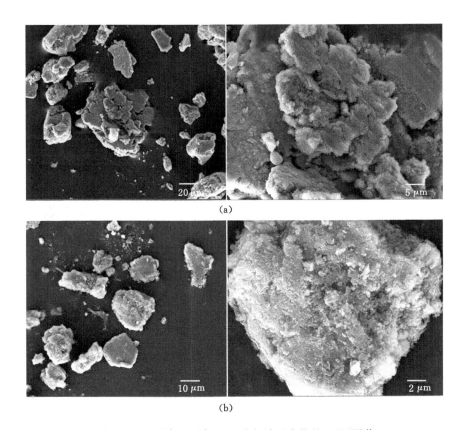

(a)

(b)

图 8-7 Al-8％Bi-2％PTFE 水解淬灭产物的 SEM 图像

10％Bi 颗粒的反应主要是从表层向内部进行的,反应历程明显不同于 Al-8％Bi-2％PTFE。

图 8-9 所示为 Al-10％Bi、Al-8％Bi-2％PTFE 和 Al-6％Bi-4％PTFE 的完全水解产物的 SEM 图像。可以看出,Al-8％Bi-2％PTFE 和 Al-6％Bi-4％PTFE 的水解产物中破碎的颗粒数量较多且粒径较小,说明在水解反应过程中 PTFE 能促进铝颗粒的破裂,导致铝颗粒的反应比表面积增大。从放大的 SEM 图像可以看出,所有颗粒在反应完成之后,表面都有不规则的凹凸不平的表面,同时粒子表面附着了许多小颗粒。此外,在 Al-8％Bi-2％PTFE 的水解产物中还检测到光滑致密的水解产物颗粒。图 8-10 所示为具有两种不同表面形态的 Al-8％Bi-2％PTFE 水解产物的 EDS 能谱图。如图 8-10(a)所示,在表面粗糙的水解反应产物颗粒表面发现了水解产物中的主要元素为 Al、O、F 和 Bi。而在表面相对光滑的水解产物颗粒表面则没有发现 F 或 Bi 元素的存在。

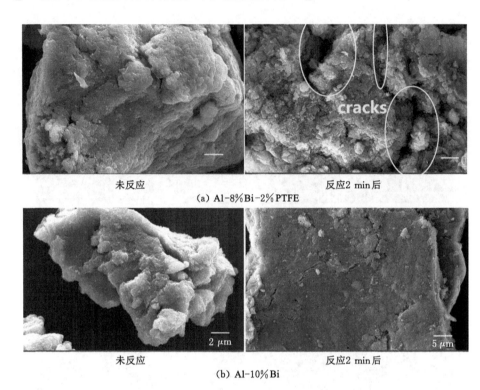

图 8-8　复合物粒子发生水解反应 2 min 后生成物的表面形貌对比图

图 8-11 所示为 Al-10%Bi 和 Al-8%Bi-2%PTFE 最终水解产物的 XRD 图谱。在 Al-10%Bi 和 Al-8%Bi-2%PTFE 的水解反应产物中检测到了非常明显的 AlO(OH)结晶峰。此外,在它们的反应产物中还检测到了金属 Bi 的结晶峰。没有检测到铝的结晶峰时,说明 Al-10%Bi 和 Al-8%Bi-2%PTFE 复合物中的 Al 基本上完全反应。

根据上述试验结果,我们可以推测出 PTFE 对于活性铝复合物的催化机理。在 Al-Bi-PTFE 复合物水解反应的过程中,PTFE 会逐渐地从铝复合物粒子表面上剥离并脱落,并在颗粒表面形成新的反应界面,从而在活性铝复合物材料的水解反应过程中逐渐增大反应比表面积,提高水解反应速率。Huang 等人[146]在研究中发现,铝/石墨复合材料表面的石墨在反应过程中也会逐渐从铝颗粒上剥离,从而增加铝复合物水解反应过程的比表面积。同时,Al-Bi-PTFE 复合物粒子表面会逐渐形成许多裂纹,粒子中 Al 和 Bi 形成的原电池反应会不断腐蚀这些裂缝并继续增大反应面积,直至整个颗粒破碎。因此,在 Al-8%Bi-2%PTFE 复合物材料的水解反应过程中,PTFE 主要起物理催化作用,在反应

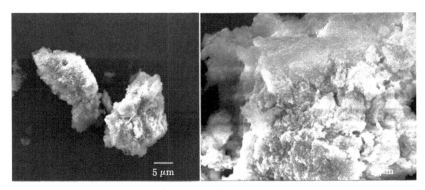

(a) Al-10%Bi

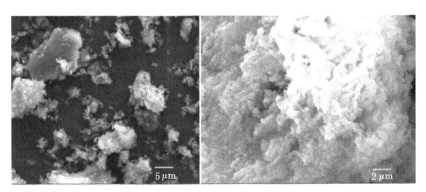

(b) Al-8%Bi-2%PTFE

(c) Al-6%Bi-4%PTFE

图 8-9　复合物完全水解产物的 SEM 图像

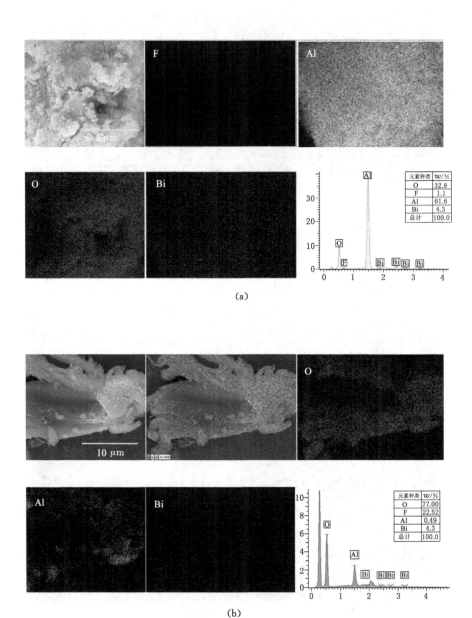

图 8-10 两种不同表面形态 Al-8%Bi-2%PTFE 水解产物的 EDS 能谱图

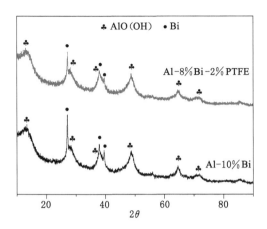

图 8-11　Al-10％Bi 和 Al-8％Bi-2％PTFE 最终水解产物的 XRD 图谱

过程中逐渐增大铝复合材料的反应比表面积。而 Bi 则主要通过与 Al 发生原电池反应发挥化学催化作用。

本章小结

　　本章采用球磨法制备了一系列含 PTFE 的活性铝复合物材料,并深入研究了它们在不同起始温度下的产氢速率和产氢体积,明确了 PTFE 对活性铝复合物材料的催化作用。研究结果表明,PTFE 的加入可以调节活性铝复合物材料的水解反应速率,在 PTFE 的添加量为 2％时,铝复合物产氢速率达到最大值。但是,PTFE 对活性铝复合物材料的产氢体积影响不大。活性铝复合物材料的产氢体积主要受金属 Bi 含量的影响。在 PTFE 基活性铝复合物材料的水解反应过程中,颗粒表面的聚四氟乙烯逐渐从表面剥离,形成新的反应界面。随着水解反应的进行,反应比表面积迅速增大,并且在铝复合物颗粒表面形成许多沟壑结构,加速铝复合物粒子的破裂。在 PTFE 基活性铝复合材料颗粒的反应过程中,金属 Bi 起化学催化剂的作用,而 PTFE 起物理催化剂的作用。

第 9 章

含不同氯化盐铝复合物的制备及水反应性能调控

氯化盐中的氯离子具有更强的腐蚀作用,可以有效地穿透铝复合物在水解反应过程中表面形成的氢氧化铝层,从而加速铝复合物的水解反应速率[135,139-140,142]。然而,关于氯化盐中阳离子对于铝复合物的水解反应性能的催化作用还没有清晰的解释。由铝的水解反应方程式(9-1)可知,铝在水解反应过程中会在表面形成氢氧化铝而阻碍铝粉的水解反应[6]。在铝水解反应过程中有大量的羟基形成,如何抑制羟基的形成对于催化铝粉水解反应速率具有重要的影响。因此,探索氯化盐中阳离子的影响至关重要。

$$2Al+6H_2O = 2Al(OH)_3+3H_2 \qquad \Delta H=16.3 \ MJ/kg \qquad (9-1)$$

本章我们将四种不同阳离子的氯化盐(NH_4Cl、$NaCl$、$FeCl_3$ 和 $CrCl_3$)分别加入铝复合物中,制备得到含有低熔点金属 Bi 和氯化盐的四种活性铝复合物($Al-Bi-M_xCl_y$),详细研究了不同铝复合物的水解反应性能及水解产物。最后,分析了不同氯化盐对于铝复合物水解反应的催化机理。

9.1　含氯化盐铝复合物的制备

所有的 $Al-Bi-M_xCl_y$ 复合物都是通过球磨的方法制备得到的。在球磨的过程中,首先将不同质量的铝粉、Bi 粉以及氯化盐(M_xCl_y)加入球磨罐中,然后加入一定体积的正己烷。$Al-Bi-M_xCl_y$ 活性铝复合物的组分见表 9-1。在球磨过程中,球磨机的转速设定为 700 r/min,磨球和物料的质量比设定为 10∶1,球磨时间设定为 3 h。在球磨完成后,将石油醚挥发并收集相应 $Al-Bi-M_xCl_y$ 活性铝复合物。

表 9-1　$Al\text{-}Bi\text{-}M_x Cl_y$ 复合物各组分的质量分数

活性铝复合物	各组分的质量分数/%					
	Al	Bi	NH_4Cl	NaCl	$FeCl_3$	$CrCl_3$
$Al\text{-}Bi\text{-}NH_4Cl$	85	10	5	—	—	—
$Al\text{-}Bi\text{-}NaCl$	85	10	—	5	—	—
$Al\text{-}Bi\text{-}FeCl_3$	85	10	—	—	5	—
$Al\text{-}Bi\text{-}CrCl_3$	85	10	—	—	—	5

9.2　含氯化盐铝复合物的表征

图 9-1 所示为不同的 $Al\text{-}Bi\text{-}M_x Cl_y$ 复合物的 SEM 图像。可以看出,加入了不同氯化盐的活性铝复合物呈现出不同的形貌。在经过球磨之后,所有的 $Al\text{-}Bi\text{-}M_x Cl_y$ 复合物的粒径明显相较于原始 5 μm 的铝粉增大,并且所有的复合物颗粒都呈现无规则的形貌。其中,$Al\text{-}Bi\text{-}CrCl_3$ 在所有复合物中展示出更薄的厚度。从不同铝复合粒子的放大 SEM 图像中可以观察到,许多 $Al\text{-}Bi\text{-}NH_4Cl$ 复合物粒子展示出贯穿于整个粒子的沟壑结构,该现象明显区别于其他三种复合物粒子的微观形貌。不同于 $Al\text{-}Bi\text{-}NH_4Cl$ 复合物粒子,$Al\text{-}Bi\text{-}NaCl$ 粒子中并未展示出贯穿于整个粒子的沟壑结构,取而代之的是粒子上出现了很多不规则的裂纹。此外,在 $Al\text{-}Bi\text{-}NaCl$ 粒子的表面上展示出许多密集的小颗粒,推测这些物质为添加的 NaCl 粒子。在 $Al\text{-}Bi\text{-}FeCl_3$ 复合物粒子的表面同样展示出少量的裂纹结构,但是大部分区域则展示出非常密实的结构。$Al\text{-}Bi\text{-}CrCl_3$ 复合物粒子则展示出更薄的结构,并且表面并未展示出致密紧实的结构。图 9-2 所示为 $Al\text{-}Bi\text{-}M_x Cl_y$ 复合物的 EDS 能谱图。其中,$Al\text{-}Bi\text{-}NH_4Cl$ 的粒子表面检测出了 Al、N、Bi 和 Cl 等元素;$Al\text{-}Bi\text{-}NaCl$ 粒子的表面上展示出 Al、Na、Bi 和 Cl 等四种元素;$Al\text{-}Bi\text{-}FeCl_3$ 粒子的表面上检测出了 Al、Fe、Bi 和 Cl 等四种元素;$Al\text{-}Bi\text{-}CrCl_3$ 粒子表面检测出 Al、Cr、Bi 和 Cl 等四种元素;由图 9-2 可以看出,不同的氯化盐在球磨过程中都均匀地嵌入复合物粒子的表面。

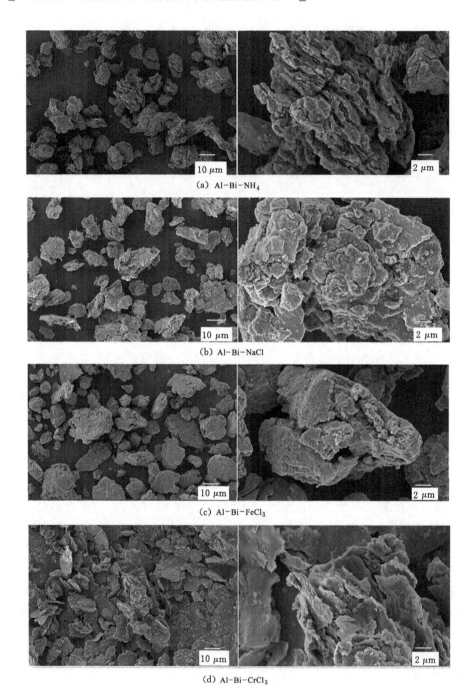

(a) Al-Bi-NH₄

(b) Al-Bi-NaCl

(c) Al-Bi-FeCl₃

(d) Al-Bi-CrCl₃

图 9-1 不同 Al-Bi-MₓClᵧ 复合物的 SEM 图像

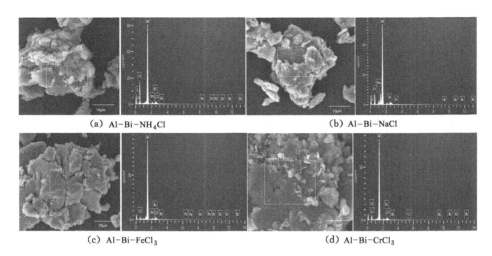

(a) Al-Bi-NH₄Cl (b) Al-Bi-NaCl

(c) Al-Bi-FeCl₃ (d) Al-Bi-CrCl₃

图 9-2　不同 Al-Bi-M$_x$Cl$_y$ 复合物的 EDS 能谱图

9.3　含氯化盐铝复合物的水反应性能调控

为了探究 Al-Bi-M$_x$Cl$_y$ 复合物的水解反应性能,我们测试了不同的 Al-Bi-M$_x$Cl$_y$ 复合物在不同温度条件下(10 ℃、20 ℃、30 ℃、40 ℃)与自来水的产氢性能。由于铝复合物的水解反应速率和温度之间有紧密的联系,许多活性铝复合物在低温条件下无法发生反应,所以在验证 Al-Bi-M$_x$Cl$_y$ 复合物在极端环境中的反应活性的同时,也验证了它们在 0 ℃条件的冰水混合物中的水解反应性能。图 9-3 所示为 Al-Bi-M$_x$Cl$_y$ 复合物在 30 ℃和 0 ℃条件下的产氢曲线。在 30 ℃条件下,Al-Bi-NH₄Cl、Al-Bi-NaCl、Al-Bi-FeCl₃ 和 Al-Bi-CrCl₃ 展示出截然不同的水解反应性能。Al-Bi-NH₄Cl 有着最快的水解反应速率,在 1 min 内产氢体积就可以达到 800 mL/g,在 200 s 内 Al-Bi-NH₄Cl 的水解反应可全部完成。Al-Bi-NaCl 复合物同样展示出较快的水解产氢速率,同样可以在 200 s 内可以完全反应,但是水解反应速率明显低于 Al-Bi-NH₄Cl 的水解反应速率。Al-Bi-FeCl₃ 的水解反应速率低于 Al-Bi-NH₄Cl 和 Al-Bi-NaCl,整个水解反应过程大约在 500 s 内才可以完成。在产氢体积方面,Al-Bi-NH₄Cl 展示出最高的产氢体积,1 g 的 Al-Bi-NH₄Cl 可以产生大约 959 mL 的氢气。而 Al-Bi-CrCl₃ 在 30 ℃的自来水中则展示出较差的产氢性能,其水解反应大约在 200 s 内完成,产氢体积仅为了 103 mL/g。

在 0 ℃条件下,不同的 Al-Bi-M$_x$Cl$_y$ 复合物展示出类似于在 30 ℃条件下的产氢曲线规律。不同的是，Al-Bi-M_xCl$_y$复合物在 0 ℃条件下的产氢速率明显低于 30 ℃条件下的产氢速率。Al-Bi-NH$_4$Cl 大约在 400 s 内可以完成水解反应，产氢体积为 908 mL/g，且产氢体积受温度的影响不大，说明 Al-Bi-NH$_4$Cl 在极端条件下依然可以快速地制取氢气。尽管 Al-Bi-NaCl 在 0 ℃条件下同样可以发生水解反应，但是反应速率明显低于 Al-Bi-NH$_4$Cl。Al-Bi-NaCl 大约在 3 000 s 时水解反应才可以完全停止，但是 Al-Bi-NaCl 水解反应产生的氢气体积仅有约 730 mL/g，明显低于其在常温条件下的产氢体积。Al-Bi-FeCl$_3$ 在 0 ℃条件下同样展示出较差的水解反应速率，在 3 500 s 时的产氢体积仅为 574 mL/g。Al-Bi-CrCl$_3$ 在 0 ℃条件下展示出 Al-Bi-M_xCl$_y$ 复合物中最弱的水反应活性，产氢体积约为 100 mL/g。

图 9-4 和表 9-2 分别为 Al-Bi-M_xCl$_y$ 复合物在 0～40 ℃条件下的产氢曲线及水解反应动力学参数。可以看到，随着温度的升高，Al-Bi-M_xCl$_y$ 复合物的水解反应速率明显升高。例如，Al-Bi-NH$_4$Cl 的反应速率在 0 ℃仅为 19.8 mL/(g·s)，而在 40 ℃则可以达到 82 mL/(g·s)。Al-Bi-NaCl 的产氢速率也从 0 ℃的 0.8 mL/(g·s)增加到 40 ℃时的 29 mL/(g·s)。而对于 Al-Bi-CrCl$_3$ 来说，虽然反应速率随着温度的升高而增加，但是其在 40 ℃时产氢速率仅有 7 mL/(g·s)。Al-Bi-M_xCl$_y$ 复合物的产氢体积随温度的变化并没有展示出明显的变化规律，但它们在 0 ℃条件下的产氢体积相较于常温条件下则展示出明显的下降趋势。例如，Al-Bi-NH$_4$Cl 的产氢体积在 0 ℃为 908 mL/g，而在 40 ℃时可达 977 mL/g。从 Al-Bi-M_xCl$_y$ 复合物在不同温度条件下的反应动力学参数可以看出，Al-Bi-NH$_4$Cl 无论是在常温条件下，还是在 0 ℃条件下，都展示出最快的反应速率以及最大的产氢体积。研究结果表明，Al-Bi-NH$_4$Cl 具有最优的水解反应性能。

表 9-2　不同初始温度下活性铝复合物的产氢特性参数

样品	水解反应参数	温度/℃				
		0	10	20	30	40
Al-Bi-NH$_4$Cl	产氢体积/(mL·g^{-1})	908	959	958	959	977
	最大产氢速率/(mL·g^{-1}·s^{-1})	19.8	33.8	51.1	72.5	82.2
Al-Bi-NaCl	产氢体积/(mL·g^{-1})	730	811	857	834	818
	最大产氢速率/(mL·g^{-1}·s^{-1})	0.8	5.1	7.5	12.3	29
Al-Bi-FeCl$_3$	产氢体积/(mL·g^{-1})	574	820	846	868	859
	最大产氢速率/(mL·g^{-1}·s^{-1})	0.7	4.1	5.1	13.4	13.6

表 9-2(续)

样品	水解反应参数	温度/℃				
		0	10	20	30	40
Al-Bi-CrCl₃	产氢体积/(mL·g⁻¹)	103	237	235	251	250
	最大产氢速率/(mL·g⁻¹·s⁻¹)	0.4	1.2	4.1	3.6	7.0

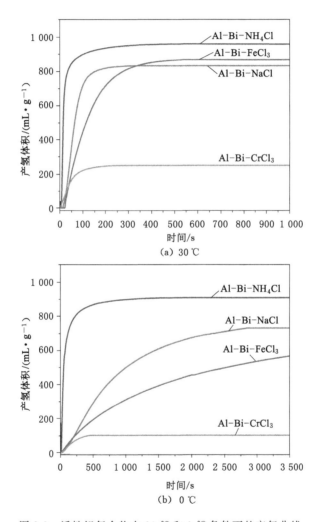

(a) 30 ℃

(b) 0 ℃

图 9-3　活性铝复合物在 30 ℃和 0 ℃条件下的产氢曲线

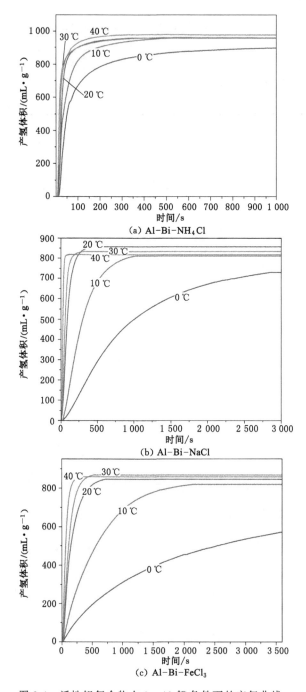

图 9-4　活性铝复合物在 0～40 ℃条件下的产氢曲线

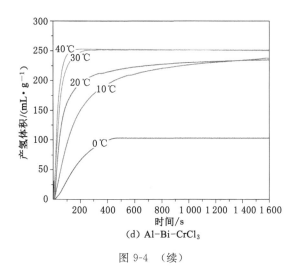

图 9-4　（续）

9.4　含氯化盐铝复合物的水反应机理

　　Al-Bi-M_xCl$_y$ 复合物在水解反应过程中反应体系温度以及 pH 值的变化对于 Al-Bi-M_xCl$_y$ 复合物的水解反应速率具有重要的影响。图 9-5 所示为 Al-Bi-M_xCl$_y$ 复合物反应体系的温度变化曲线图。可以看出，Al-Bi-NH_4Cl 在加入水中之后反应体系没有经过诱导期的过渡，反应体系的温度迅速地增加直至在 55 s 时达到峰值温度（33 ℃），然后反应体系的温度开始逐渐地下降。然而对于 Al-Bi-NaCl 而言，在加入水中之后，经历了反应的诱导期，反应体系的温度才开始缓慢地增加，在 150 s 时达到最大值 36 ℃。对于 Al-Bi-FeCl$_3$，反应体系的温度同样展示出诱导期，然后体系的温度逐渐地开始增加。而 Al-Bi-CrCl$_3$ 的反应体系的温度虽然也有增加，但是增加幅度很小，最高温度仅增加到 25 ℃。由铝和水的反应方程式（1）可知，铝的水解反应过程会释放出大量的反应热量。因此，Al-Bi-M_xCl$_y$ 复合物在加入水中之后会反应并释放出热来提高水温，反应体系温度的升高会进一步增加并提升 Al-Bi-M_xCl$_y$ 复合物的水解反应速率。因此，Al-Bi-M_xCl$_y$ 复合物反应体系的温度变化规律和它们产氢曲线的变化趋势是一致的。

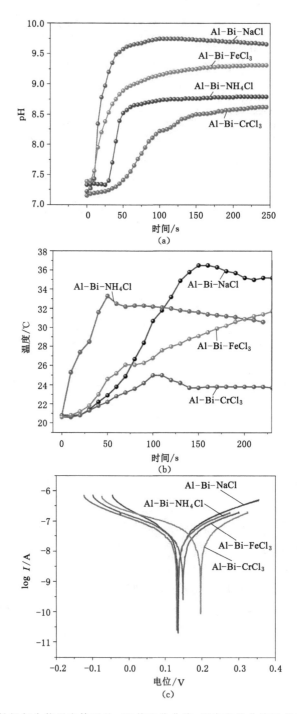

图 9-5 活性铝复合物反应体系的 pH 值变化曲线、温度变化曲线及其 Tafel 曲线

探索反应体系 pH 值的变化情况对于阐明 Al-Bi-M_xCl$_y$ 复合物的水解反应机理具有重要意义。图 9-5 所示为 Al-Bi-M_xCl$_y$ 复合物反应体系 pH 值的变化曲线图。由铝的水解反应方程式可以看出,反应体系中会不断释放出氢氧根阴离子,因而反应体系的 pH 值会逐渐地增加。Al-Bi-M_xCl$_y$ 复合物的反应体系的 pH 值展示出不同的曲线。其中,Al-Bi-NH$_4$Cl 在加入水中之后,其反应体系的 pH 值首先展现平台效应,反应持续到 26 s 时反应体系的 pH 值几乎没有发生变化;该现象显著区别于其他三种 Al-Bi-M_xCl$_y$ 复合物。由于 NH$_4$Cl 在水中会促进水电离出氢离子而显示出酸性,所以 Al-Bi-NH$_4$Cl 在水解反应过程中 NH$_4$Cl 会溶解于水中并有效地增加氢离子的数量。产生的氢离子会和铝水解反应过程中释放出的氢氧根离子中和形成水分子,所以在 Al-Bi-NH$_4$Cl 的水解反应初期,反应体系的 pH 值几乎没有变化。由于铝水解反应过程中形成的氢氧化铝会覆盖在粒子的表面上,而氢氧化铝几乎不溶解于水中而会抑制铝的进一步水解反应。在 Al-Bi-NH$_4$Cl 的反应初期,Al-Bi-NH$_4$Cl 颗粒的表面上有更少的氢氧化铝的覆盖,可以有效促进铝的水解反应。当反应进行 25 s 之后,反应体系的 pH 值开始逐渐地增加并在约 50 s 时达到最大值(pH=8.5)。而对于 Al-Bi-NaCl,反应体系的 pH 值并未展示出平台效应,Al-Bi-NaCl 在加入到水中之后反应体系的 pH 值开始迅速地升高。NaCl 在水中并不能诱导电离出氢离子,无法中和产生的氢氧根离子。Al-Bi-NaCl 的水解反应体系在四种复合物中展示出最高的 pH 值,最大的 pH 值可达 9.8。Al-Bi-FeCl$_3$ 的水解反应体系的 pH 值的变化规律和 Al-Bi-NaCl 类似,也未展示出明显的平台效应,且 pH 值最高可达 9.3 左右。而对于 Al-Bi-CrCl$_3$,其反应体系的 pH 值缓慢增加,这和其水解反应速率有关系。从 Al-Bi-M_xCl$_y$ 复合物反应体系的 pH 值变化规律可以看出,NH$_4$Cl 由于溶解于水中呈现出酸性可以有效地抑制铝水解反应过程中氢氧化铝的形成而抑制反应体系 pH 值的增加并促进铝的水解反应速率。通过对 Al-Bi-M_xCl$_y$ 复合物的 Tafel 曲线进行测试,可以直观地反映不同铝复合物的腐蚀性能(图 9-5)。Al-Bi-NH$_4$Cl、Al-Bi-NaCl、Al-Bi-CrCl$_3$ 和 Al-Bi-CrCl$_3$ 的腐蚀电位分别为 0.135 V、0.131 V、0.140 V 和 0.190 V,说明 Al-Bi-NH$_4$Cl 和 Al-Bi-NaCl 具有更低的腐蚀电位,并且它们更容易发生水解反应。Al-Bi-M_xCl$_y$ 复合物的水解中间产物的形貌对于解释其水解反应机理具有重要意义。在常温条件下,Al-Bi-M_xCl$_y$ 复合物几乎不和乙醇发生水解反应,因而选择乙醇作为淬灭溶剂来淬灭 Al-Bi-M_xCl$_y$ 复合物的水解反应并收集它们相应的中间水解产物。图 9-6 所示 Al-Bi-M_xCl$_y$ 复合物的中间水解产物的形貌图。

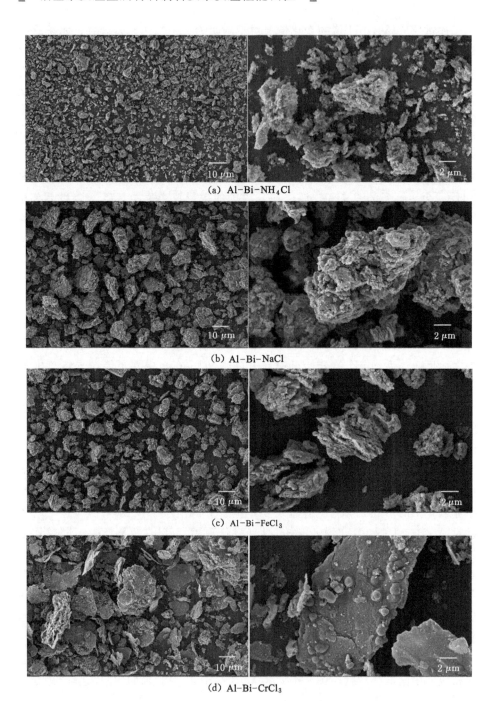

(a) Al–Bi–NH₄Cl

(b) Al–Bi–NaCl

(c) Al–Bi–FeCl₃

(d) Al–Bi–CrCl₃

图 9-6　Al-Bi-M$_x$Cl$_y$ 中间水解淬灭产物的 SEM 图像

Al-Bi-M_xCl$_y$ 复合物的中间水解产物展示出不同的形貌结构。其中，Al-Bi-NH$_4$Cl 的中间水解产物颗粒粒径明显远小于其他三种铝复合物的中间水解产物，且 Al-Bi-NH$_4$Cl 的中间水解产物的粒径也远低于 Al-Bi-NH$_4$Cl 的原始粒径，说明 Al-Bi-NH$_4$Cl 在水解反应过程中会发生粒子的剥离，粒子的粒径逐渐地减小并暴露更多内部的铝参与水解反应。因此，Al-Bi-NH$_4$Cl 具有更快的水解反应速率。Al-Bi-NH$_4$Cl 的原始粒子的表面上拥有许多贯穿于整个粒子的沟壑，可以推测水解反应是从这些沟壑开始逐步地渗透到粒子的内部，从而将 Al-Bi-NH$_4$Cl 粒子逐渐地分解为尺寸更小的颗粒。而对于 Al-Bi-NaCl 来说，其中间水解产物颗粒的粒径相较于原始 Al-Bi-NaCl 粒子的粒径并未发生明显的变化。从 Al-Bi-NaCl 中间水解产物的放大图中可以看出，粒子的表面发生了明显的反应，但是几乎观察不到 Al-Bi-NaCl 表面 NaCl 形成的细小颗粒，说明随着 Al-Bi-NaCl 水解反应的发生，NaCl 逐渐地溶解，水解反应可以沿着溶解 NaCl 后暴露的位点继续向粒子内部进行。因此，Al-Bi-NaCl 的水解反应历程是逐渐地从粒子的表面均匀地向内部进行的。Al-Bi-FeCl$_3$ 的中间水解产物的形貌类似于 Al-Bi-NaCl 的中间水解产物，其粒径尺寸同样类似于 Al-Bi-FeCl$_3$ 的原始粒径。但是，Al-Bi-FeCl$_3$ 粒子由原始密实的表面演变为具有很多沟壑结构的表面，而对于 Al-Bi-CrCl$_3$ 的中间水解产物，粒子表面依然呈现出密实的结构，说明 Al-Bi-CrCl$_3$ 几乎没有发生水解反应，这种现象和其产氢性能是相一致的。图 9-7 所示为选取的 Al-Bi-NH$_4$Cl、Al-Bi-NaCl、Al-Bi-FeCl$_3$ 和 Al-Bi-CrCl$_3$ 的最终水解产物中较大粒子的 SEM 图像。Al-Bi-NH$_4$Cl 和 Al-Bi-NaCl 粒子的表面上展示出许多沟壑结构，而 Al-Bi-FeCl$_3$ 和 Al-Bi-CrCl$_3$ 水解产物粒子表面展示出许多小的纤维结构。图 9-8 所示为 Al-Bi-NH$_4$Cl、Al-Bi-NaCl、Al-Bi-FeCl$_3$ 和 Al-Bi-CrCl$_3$ 的最终水解产物的 XRD 曲线图。Al-Bi-NH$_4$Cl 和 Al-Bi-NaCl 的水解产物仅展示出强度很高的 AlOOH 的结晶峰，几乎没有残余的铝的结晶峰被检测到。而 Al-Bi-FeCl$_3$ 的水解产物除了展示出强度很高的 AlOOH 的结晶峰之外，还检测到少量的 Al 的结晶峰。对于 Al-Bi-CrCl$_3$ 的水解产物，则被检测出强度很高的未反应的 Al 以及 Bi 的结晶峰。该现象和 Al-Bi-CrCl$_3$ 几乎不能发生水解反应的结果是相一致的。

综上所述，对于 Al-Bi-NH$_4$Cl 复合物，NH$_4$Cl 可以促进 Al-Bi-NH$_4$Cl 粒子在球磨过程中形成多层状的结构，该结构可以有效地促进 Al-Bi-NH$_4$Cl 粒子水解反应的破裂。在反应过程中，NH$_4$Cl 会逐渐地溶解并有效地抑制反应过程中 pH 值的增加而抑制粒子表面氢氧化铝的集聚。研究结果发现，Al-Bi-NH$_4$Cl 在反应过程中粒子不断被破裂，进一步加速了其水解反应速率。因此，Al-Bi-NH$_4$Cl 展示出四种铝复合物中最快的产氢速率以及最大的产氢体积，甚

(a) Al-Bi-NH₄Cl (b) Al-Bi-NaCl

(c) Al-Bi-FeCl₃ (d) Al-Bi-CrCl₃

图 9-7　Al-Bi-NH₄Cl、Al-Bi-NaCl、Al-Bi-FeCl₃ 和
Al-Bi-CrCl₃ 的最终水解产物的 SEM 图像

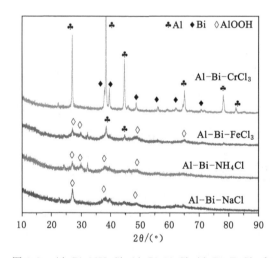

图 9-8　Al-Bi-NH₄Cl、Al-Bi-NaCl、Al-Bi-FeCl₃ 和
Al-Bi-CrCl₃ 的最终水解产物的 XRD 图谱

至可以在 0 ℃ 条件下快速发生水解反应。对于 Al-Bi-NaCl 和 Al-Bi-FeCl$_3$ 而言,它们在常温条件下可以完全发生水解反应,并且反应过程中 NaCl 和 FeCl$_3$ 会逐渐地溶解,并且暴露内部的铝来加速其水解反应。因此,Al-Bi-NaCl 和 Al-Bi-FeCl$_3$ 在水解反应过程中,水解是从表面逐渐向内部进行的;而对于 Al-Bi-CrCl$_3$,其具有较差的水解反应性能,但其原因还尚不明确。

本章小结

本章通过在铝中添加了四种氯化盐(NH$_4$Cl、NaCl、FeCl$_3$、CrCl$_3$),分别制备出相应的四种活性铝复合物 Al-Bi-NH$_4$Cl、Al-Bi-NaCl、Al-Bi-FeCl$_3$ 和 Al-Bi-CrCl$_3$,详细探索了 Al/Bi/M$_x$Cl$_y$ 在不同温度条件下的产氢性能,通过改变 Al/Bi/M$_x$Cl$_y$ 中的氯化盐,可以有效地控制活性铝复合物的产氢性能。Al/Bi/NH$_4$Cl 展示出最佳的产氢性能,在 40 ℃ 条件下的最大产氢速率为 82.2 mL/(g·s),最大产氢体积为 977 mL/g。在 0 ℃ 条件下,Al/Bi/NH$_4$Cl 依然可以展示出较快的产氢速率,产氢速率可达 19.8 mL/(g·s),并且产氢体积可达 908 mL/g。NH$_4$Cl 可以诱导 Al/Bi/NH$_4$Cl 形成多层装的结构,该结构可以加速铝粒子在水解反应过程中粒子的破裂,并且在粒子的水解反应过程中可以有效地抑制反应体系 pH 值的升高,从而阻碍氢氧化铝在铝粒子表面的沉积,最终实现了 Al/Bi/NH$_4$Cl 粒子的水解反应速率的大幅度提升。然而,对于 Al/Bi/NaCl 和 Al/Bi/FeCl$_3$ 的水解反应,NaCl 和 FeCl$_3$ 会逐渐地从粒子的表面溶解到水中,铝复合物粒子的水解反应逐渐地从表面向内部的方向进行反应而导致 Al/Bi/NaCl 和 Al/Bi/FeCl$_3$ 较慢的产氢速率。因此,通过改变氯化盐的种类可以实现活性铝复合物产氢性能的有效改善。

第 10 章

聚四氟乙烯对铝与高温水蒸气反应性能的研究

铝粉由于在表面存在致密的氧化膜,使得铝粉的点火温度升高,点火延迟时间变长。同时,推进剂中铝燃烧过程中铝粒子会发生团聚现象,从而导致燃烧效率下降和两相流损失增加[53,75,211]。研究结果发现,氟化物可以有效地促进铝的燃烧,降低铝粉的点火温度,还可以减弱推进剂中铝粒子的燃烧团聚现象。

近年来,聚四氟乙烯因其良好的稳定性、化学惰性以及高氟含量而受到了广泛的关注。聚四氟乙烯中氟原子可以与铝粒子表面的氧化层反应并形成 AlF_3,并且铝原子与氟原子的反应优先于铝原子与氧原子的反应。同时,AlF_3 的升华温度为 1 277 ℃,比 Al_2O_3 的 3 000 ℃ 的升华温度要低得多,铝燃烧过程中所形成的 AlF_3 更易于升华,从而可以破坏铝颗粒并减少铝的团聚现象[48,77]。Sippel 等人[212]在复合固体推进剂中使用了机械活化的复合 Al-PTFE 颗粒,并发现使用活化的 Al-PTFE 复合物可以使固体推进剂的燃烧性能改变。Sippel 等人[213]也通过低温机械球磨法制备了 Al-PTFE 复合物,他们发现低温球磨后的复合物氧化得比纳米级纯铝粉更快。尽管有许多关于 Al-PTFE 复合物的研究报道,但是还没有关于其与水蒸气的反应性能和反应机理的研究报道。

10.2 Al-PTFE 活性铝复合物的制备

本章所制备的 Al-PTFE 活性铝复合物均是通过国产的 KQM-D/B 行星球磨机所制备得到的,球磨条件见表 10-1。在球磨过程中,球料比为 20∶1,并且加入正己烷作为球磨抑制剂。球磨机转速为 800 r/min，球磨时间为 5 h。球磨完成后，将活性铝复合物放置在密封管中保存。表 10-2 为本章所制备的 Al-PTFE 活性铝复合物的组成成分及比表面积。

表 10-1　Al-PTFE 活性铝复合物的球磨参数

磨球	材质：不锈钢，直径：5.1 mm
球料比	20：1
球磨气氛	空气
转速	800 r/min
球磨抑制剂	正己烷
球磨时间	5 h

表 10-2　Al-PTFE 活性铝复合物的组成成分及比表面积

样品	质量/g		球磨时间/h	比表面积/ ($m^2 \cdot g^{-1}$)
	Al	PTFE		
Al-4%PTFE	96	4	5	1.29
Al-6%PTFE	94	6	5	3.00
Al-8%PTFE	92	8	5	6.24
Al-10%PTFE	90	10	5	8.65

10.3　Al-PTFE 活性铝复合物的表征

图 10-1 所示为 Al-PTFE 复合物的 SEM 图像。可以看出，样品 Al-4%PTFE 和 Al-6%PTFE 的粒子形貌呈现出高度的不规则形；正可以看出，所有复合物粒子表面都有许多裂纹。随着 PTFE 含量的增加，样品 Al-8%PTFE 和 Al-10%PTFE 的颗粒呈现片状的形貌且颗粒尺寸减小，这是由于 PTFE 可以防止铝粒子之间的冷焊作用，所以铝粒子会在球磨过程中被挤压成片状形貌。

图 10-2 所示为 Al-8%PTFE 复合物粒子的表面形貌以及横截面形貌图。可以看出，氟元素均匀地分布在 Al 粒子的表面上。由 Al-8%PTFE 复合物粒子的横截面 SEM 图像可以看出，其横截面厚度为 100~300 nm 的层状结构。从能谱图得知，PTFE 不仅分布在复合物颗粒的表面，而且也进入了复合物粒子

的内部。

表 10-2 列出了四种 Al-PTFE 复合物的比表面积。随着 PTFE 含量的增加，比表面积逐渐增加；随着 PTFE 含量从 4% 增加到 10%，比表面积从 1.29 m^2/g 增加到 8.65 m^2/g。这些结果与 SEM 图像中得出的结论一致。

图 10-1　Al-PTFE 复合物的 SEM 图像

图 10-3 所示为 Al-PTFE 复合物的粒度分布图。可以看出，样品 Al-4%PTFE、Al-6%PTFE、Al-8%PTFE 和 Al-10%PTFE 的中值粒径（D_{50}）分别为 32.2 μm、24.4 μm、12.2 μm 和 12.6 μm，说明 Al-PTFE 复合物随着 PTFE 含量的增加，铝复合物粒子的粒径减小。

图 10-4 所示为 Al-PTFE 复合物的 XRD 图谱。可以看出，所有的复合物样品均含有 Al 结晶峰。从样品 Al-8%PTFE 和 Al-10%PTFE 可以看出，有 PTFE 的特征结晶峰，但是并没有在样品 Al-4%PTFE 和 Al-6%PTFE 中检测到 PTFE 的结晶峰。这是由于样品 Al-4%PTFE 和 Al-6%PTFE 中 PTFE 的含量本身较少，同时其形貌不是片状形貌，所以会有更多的纳米尺寸的 PTFE 被嵌入到铝粒子的内部，从而导致 PTFE 不能被检测到。Dreizin 等人[214]发现，低温球磨制备的样品中的 PTFE 结晶峰变弱，甚至完全消失。

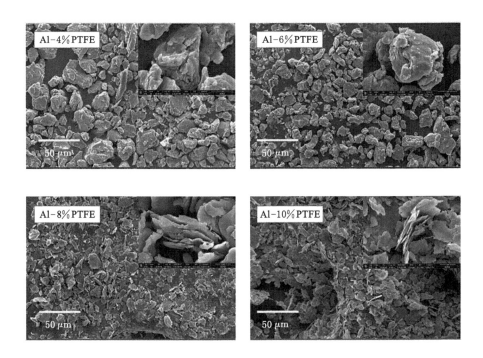

图 10-2 样品 Al-PTFE 的 SEM 图像及 EDS 能谱图

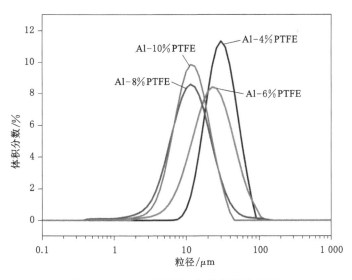

图 10-3 Al-PTFE 复合物的粒度分布图

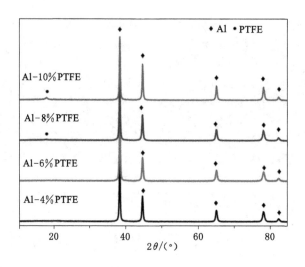

图 10-4　Al-PTFE 复合物的 XRD 图谱

10.4　Al-PTFE 活性铝复合物的热分析

　　图 10-5 所示为 Al-PTFE 复合物在空气气氛中的 DSC/TGA 曲线。比较这四种样品的 TG 曲线可以看到,所有的样品都有三个氧化增重阶段,并且随温度的升高而增重,PTFE 的含量越多,最终的质量增重就越大。样品 Al-8%PTFE 和 Al-10%PTFE 在 500 ℃ 左右由于 PTFE 的分解而造成了质量的减少。样品 Al-4%PTFE、Al-6%PTFE、Al-8%PTFE 和 Al-10%PTFE 的初始氧化温度分别为 709 ℃、697 ℃、663 ℃ 和 612 ℃,并且有 56 %、67 %、74 % 和 71 % 的 Al 转化为 Al_2O_3。以上研究结果表明,PTFE 可以有效地促进铝的氧化。

　　从 DSC 曲线可知,Al-PTFE 复合物的主要氧化放热峰在 1 050 ℃ 左右,这是由于铝的氧化反应所致,660 ℃ 的吸热峰为 Al 的熔融峰。对于样品 Al-10%PTFE,在 635 ℃ 附近可以观察到一个小的放热反应峰。这是由于铝与 PTFE 的预点火反应（PIR）所致,而复合物 Al-4% PTFE、Al-6% PTFE、Al-8%PTFE 都在大约 720 ℃ 处才出现第一个氧化放热峰。

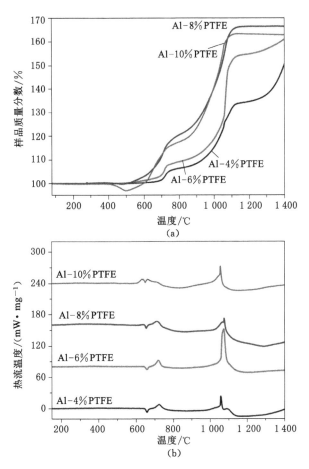

图 10-5　Al-PTFE 复合物在空气气氛中的 DSC/TGA 曲线

10.5　Al-PTFE 活性铝复合物与高温水蒸气的反应性能研究

　　图 10-6 所示为 Al-PTFE 复合物在水蒸气中的点火温度,图中每个点代表一次点火试验。样品 Al-4% PTFE、Al-6% PTFE、Al-8% PTFE 和 Al-10%PTFE 的平均点火温度分别为 760 ℃、727 ℃、562 ℃ 和 554 ℃。Al-PTFE 复合物在水蒸气中的点火延迟时间也可以反映活性铝复合物与水蒸气的反应性能,如图 10-7 所示。研究结果表明,样品 Al-4% PTFE 和 Al-6%PTFE 在 600 ℃ 条件下无点火现象,所有的样品都可以在 700 ℃、800 ℃

和 900 ℃条件下发生点火现象。随着 PTFE 含量的增加,Al-PTFE 复合物的点火延迟时间缩短。当 PTFE 的含量从 4％增加到 10％时,复合物在 700 ℃条件下的点火延迟时间从 139 s 减少到 2 s。此外,复合物 Al-8％PTFE 和 Al-10％PTFE 的点火延迟时间比其他两个样品都要短得多,并且由于它们的片状形貌以及高 PTFE 含量,在 900 ℃水蒸气中可以立即发生点火反应。以上结果表明,PTFE 可以有效地促进铝粉在水蒸气中的点火反应。

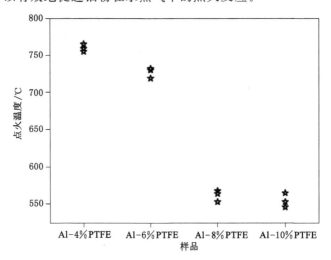

图 10-6　Al-PTFE 复合物在水蒸气中的点火温度

为了研究 Al-PTFE 复合物在水蒸气中的反应燃烧产物,我们将四种复合物在 700 ℃水蒸气中反应 10 min 后并收集反应产物。表 7-4 为 Al-PTFE 复合物与水蒸气反应产物中的残余 Al 含量(质量分数,下同)。研究结果表明,随着 PTFE 含量的增加,燃烧产物中的残余 Al 含量逐渐降低,说明 PTFE 可以有效地促进铝在水蒸气中的反应程度。

表 10-3　Al-PTFE 复合物与水蒸气的反应产物中的残余 Al 含量

样品	剩余 Al 含量/％	样品	剩余 Al 含量/％
Al-4％PTFE	75	Al-8％PTFE	37
Al-6％PTFE	66	Al-10％PTFE	22

图 10-8 所示为 Al-PTFE 复合物与 700 ℃水蒸气反应 10 min 后反应产物的 SEM 图。图 10-9 为 Al-PTFE 复合物与水蒸气反应产物的中值粒径(D_{50})。研究结果表明,随着 PTFE 含量的增加,Al-PTFE 复合物反应产物的中值粒径

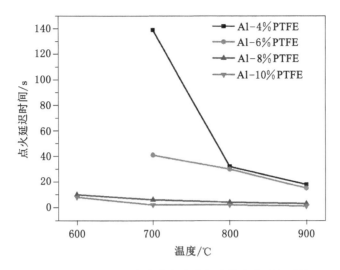

图 10-7　Al-PTFE 复合物在水蒸气中的点火延迟时间

急剧下降。与样品 Al-4%PTFE 相比,Al-10%PTFE 的反应产物的中值粒径减少了 69%左右。因此,PTFE 可以有效地减少铝与水蒸气反应产物中 Al 和 Al_2O_3 的团聚现象。

图 10-8　Al-PTFE 复合物与水蒸气反应产物的 SEM 图像

图 10-10 所示为 Al-PTFE 复合物在 700 ℃的水蒸气中反应 10 min 后反应固体产物的 XRD 图谱。可以看出,所有样品都显示出 Al 和 α-Al_2O_3 的特征结

晶峰。此外,随着 PTFE 含量的增加,铝结晶峰的相对强度逐渐减弱。

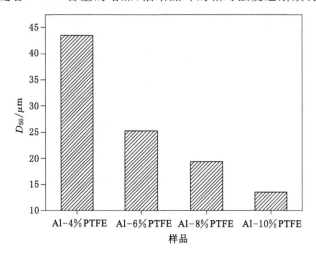

图 10-9　Al-PTFE 复合物与水蒸气反应产物的中值粒径 D_{50}

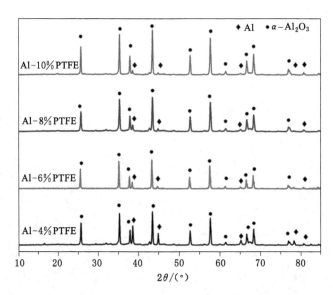

图 10-10　Al-PTFE 复合物与水蒸气反应固体产物的 XRD 图谱

　　为了进一步研究 Al-PTFE 复合物与水蒸气的反应机理,我们研究了 Al-10%PTFE 在 700 ℃的水蒸气中不同反应时间的反应产物的 XRD 图谱,如图 10-11 所示。在最初的 30 s 中,从数据中可以看出,反应产物中有 AlF_3 的特征峰,同时还可以观察到很强的 Al 以及较弱的 Al_2O_3 和 Al_4C_3 特征结晶峰。

随着反应时间的增加，Al 与水蒸气反应逐渐形成氧化铝，而 AlF$_3$ 的结晶峰逐渐消失。当反应时间增加到 120 s 时，XRD 图谱没有再检测到 AlF$_3$。

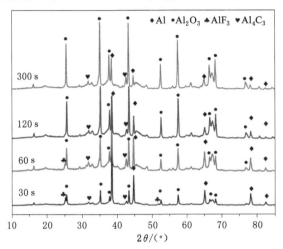

图 10-11　Al-10％PTFE 复合物在 700 ℃水蒸气中不同反应时间产物的 XRD 图谱

图 10-12 所示为复合物 Al-10％PTFE 在 700 ℃水蒸气中不同反应时间产物的 SEM 图像。当反应时间为 15 s 时，在复合物粒子表面可见观察到许多规则的立方形粒子，EDS 能谱表明该粒子中含有氟元素。结合 XRD 的试验结果，可以判断这些立方形粒子为 AlF$_3$。当反应时间达到 300 s 时，立方形的 AlF$_3$ 粒

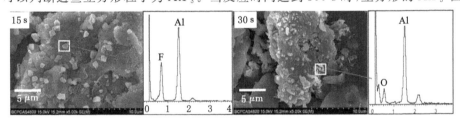

图 10-12　Al-10％PTFE 复合物在 700 ℃水蒸气中不同反应时间产物的
SEM 图像和 EDS 能谱图

子消失,球形的氧化铝粒子开始出现在产物表面。上述研究结果表明,PTFE 与 Al 在水蒸气中反应时会生成 AlF_3,然后形成的 AlF_3 与水蒸气反应生成 Al_2O_3。

从以上试验结果可知,Al-PTFE 复合物与高温水蒸气的反应机理可以描述为两个阶段,如图 10-13 所示。首先,PTFE 分解并生成 C_2F_4 和 CF_2 等碳氟化合物 CF_x,CF_x 产物可以加速 Al-PTFE 复合物的点火反应,同时铝与水蒸气反应形成 AlF_3 和 Al_4C_3。然后,形成的 AlF_3 立即与水蒸气反应,并形成 Al_2O_3 和 HF,AlF_3 消失并转化为 α-Al_2O_3。与此同时,随着温度的升高,大量的铝开始与水蒸气反应并生成 α-Al_2O_3。

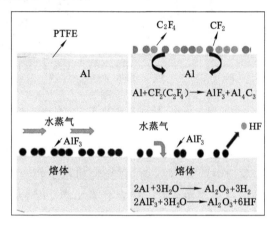

图 10-13　Al-PTFE 复合物与高温水蒸气的反应机理图

本章小结

本章通过球磨法制备了四种 Al-PTFE 复合物,PTFE 的含量对复合物颗粒的尺寸和形状有很大的影响。PTFE 不仅可以均匀地分布在铝颗粒表面上,而且可以进入铝颗粒的内部。此外,在 Al-PTFE 复合物中添加 PTFE 可以显著地提高铝与水蒸气的反应性能。另外,具有较高含量 PTFE 的铝复合物在水蒸气中具有较低的点火温度、较短的点火延迟时间和较高的铝燃烧效率。

第 11 章
四氧化三钴对铝与高温水蒸气反应性能的研究

铝粉是水冲压发动机用水反应金属燃料推进剂的重要组成成分。水冲压发动机工作时,水反应金属燃料推进剂首先发生一次燃烧,但由于铝粉的含量较高,推进剂中的高氯酸铵不能提供足够的氧元素,所以一次燃烧产物中含有大量未完全燃烧的铝粒子。这些未完全燃烧的铝粒子会被带入下一级燃烧室中,同时外部的海水会被压入该级燃烧室中,被压入的海水会被燃烧室中的高温汽化成高温高压的水蒸气,然后未完全反应的铝粒子会和高温水蒸气继续反应释放能量。所以,铝粉与高温水蒸气的反应性能也是人们所关注的焦点之一,尤其是其在水反应金属燃料推进剂中的应用[215-220]。Quijano 等人[221]系统地研究了机械活化制备的 Al-Mg 合金与水蒸气的反应性能,发现机械球磨制备的复合物可以增加其与水蒸气的反应性能。但是,关于高能球磨法活化的含金属氧化铝的铝复合物与高温水蒸气燃烧性能的研究报道却很少。

Al-Co_3O_4 体系由于其 4 232 J/g 的高理论热值以及 3 201 K 的绝热反应温度而备受关注,被广泛应用于铝热剂中。本章我们将探究 Co_3O_4 对铝与高温水蒸气反应性能的影响,仍然采用高能球磨法制备活性 Al-Co_3O_4 复合物,并系统地研究它们在高温水蒸气下的燃烧特性,从而证明 Co_3O_4 的加入可以有效地提高铝与高温水蒸气的反应活性。

11.1 Al-Co_3O_4 活性铝复合物的制备

所有 Al-Co_3O_4 复合物均是通过 Simoloyer CM01 高能球磨机所制备得到的。球磨条件如表 11-1 所列。在球磨过程中,球料比为 10∶1,并且在设备中充入氩气,防止球磨的铝粉进一步发生氧化反应。另外,在球磨过程中,1 min 为一个循环过程,每个过程的前 48 s 为 1 200 r/min,后 12 s 为 800 r/min。在球磨过程中,添加 1 g 硬脂酸作为球磨过程抑制剂,以抑制冷焊作用并防止球磨过程中发生反应。球磨完成后,将活性铝复合物放置在密封管中进行保存。表 11-2 为本章所制备的 Al-Co_3O_4 复合物的组成及球磨时间。

表 11-1　试验中所用的球磨参数

磨球规格	材质:不锈钢(100Cr6),直径:5.1 mm
球料比	10∶1
球磨气氛	氩气
转速	1 200 r/min(48 s)＋800 r/min(12 s)
冷却介质	乙醇

表 11-2　Al-Co_3O_4 复合物的组成及球磨时间

铝复合物	组分的质量/g			
	Co_3O_4	Al	硬脂酸	球磨时间
M-0h	4	96	1	0
M-2h	4	96	1	2
M-3h	4	96	1	3
M-4h	4	96	1	4

11.2　Al-Co_3O_4 活性铝复合物的表征

图 11-1 所示为原始铝粉、Co_3O_4 粉末和所制备的活性 Al-Co_3O_4 复合物的 SEM 图像。可以看出,原始铝粉的颗粒呈现出高度球形形貌,Co_3O_4 粉末颗粒也呈现出球形的形貌,并且表面比较粗糙。由于样品 M-0h 只是通过物理混合制备的样品,所以仅展示出球形的形貌。2 h 球磨制备的 Al-Co_3O_4 复合物,其形貌呈现出高度的不规则形状。随着球磨时间延长到 3 h 时,复合物粒子的粒径尺寸明显减小,并且从样品 M-3h 的放大 SEM 图中可以看出,粒子表面上有许多空隙。当球磨时间增加到 4 h 时,由于铝粒子之间的冷焊作用,复合物粒子的粒度再次增加[37,45,108]。从图 11-1(h)中可以看出,添加的微米级 Co_3O_4 颗粒在球磨过程中被破碎成只有几百纳米的小颗粒,并且附着在了铝粒子的表面上。

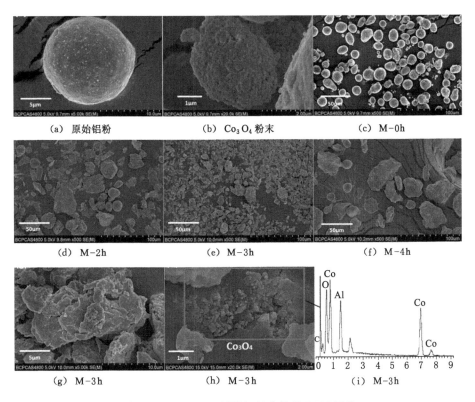

图 11-1 Al-Co$_3$O$_4$ 活性铝复合物的 SEM 图像

Al-Co$_3$O$_4$ 复合物的粒度分布测量结果如图 11-2 所示。研究结果显示,样品 M-0h、M-2h、M-3h、M-4h 的中值粒径(D_{50})分别为 19.0 μm、31.3 μm、17.4 μm 和 50.1 μm。并且 M-3h 的 D_{10}、D_{50} 和 D_{90} 均小于样品 M-2h 和 M-4h 的 D_{10}、D_{50} 和 D_{90}。研究结果表明,随着球磨时间的增加,复合物粒子的粒径先增加、后减小;随着球磨时间的继续延长,复合物粒子的粒径又开始增加。所以,3 h 球磨制备的样品 M-3 h 具有最小的粒径。

对铝粉球磨过程中的形貌变化,已经有一些相关的研究报道[38,222]。在球磨过程中,铝粉由于其延展性而会发生冷焊作用,铝粒子通过冷焊黏接在一起形成更大的粒子,同时高速运动的磨球也会高速撞击铝粒子,使得铝粒子又发生破裂。所以在铝粉的球磨过程中,铝复合物粒子的大小是铝粒子冷焊机制与断裂机制竞争的结果。从所制备的 Al-Co$_3$O$_4$ 复合物的粒度结果可知,铝粉的球磨过程可分为三个阶段,如图 11-3 所示。在球磨过程中的第一阶段,通过球磨可以使 Al 颗粒发生塑性变形,同时高速运动的磨球也可以使添加的 Co$_3$O$_4$ 颗粒

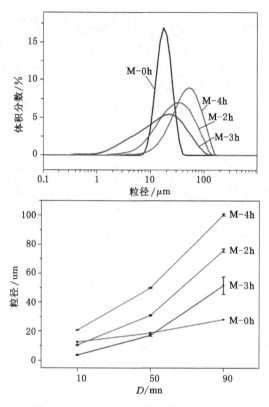

图 11-2   Al-Co$_3$O$_4$ 复合物的粒度分布图

破碎为许多更小的粒子。随着球磨时间的增加,变形的 Al 粒子被压扁并发生冷焊作用,Co$_3$O$_4$ 颗粒被撞击并嵌入铝粒子的表面。在此阶段中,冷焊机制是主导机制。在球磨过程中的第二阶段,铝复合物的粒子的粒径达到极限,粒径无法继续增加,此过程中断裂机制开始占主导地位,粒子开始发生断裂,粒子的粒径开始减小。在球磨过程的最后阶段,随着粒径变得很小,冷焊机制又占据主导位置,所以复合物粒子的粒径又开始增加。

图 11-4 所示为 Al-Co$_3$O$_4$ 复合物 M-0h、M-2h、M-3h 和 M-4h 的 XRD 图谱。所有的复合物样品均显示出 Al 和 Co$_3$O$_4$ 的结晶峰。图中未检测出其他合金的物相,表明在高能球磨过程中铝粒子并没有和 Co$_3$O$_4$ 发生反应,两者只是物理结合。图 11-4(b)所示为 Al-Co$_3$O$_4$ 复合物的(111)衍射峰的半宽高(FWHM)。研究结果可以表明,球磨后的样品 M-2h、M-3h 和 M-4h 的(111)衍射峰的半宽高比未进行球磨的样品 M-0h 大,样品 M-3h 显示出最大的FWHM 值,表明它具有较小的晶粒尺寸。

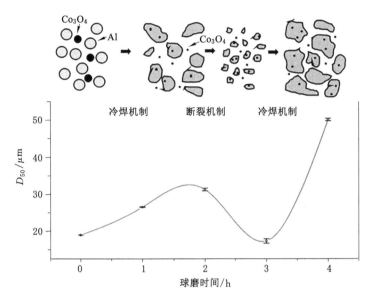

图 11-3　球磨过程中 Al-Co$_3$O$_4$ 复合物粒子的形貌变化模型

11.3　Al-Co$_3$O$_4$ 活性铝复合物的热分析

图 11-5 和表 11-3 为样品 M-0h、M-2h、M-3h 和 M-4h 在空气中的 DSC/TG 曲线以及热分析数据。比较这四个样品的 TG 曲线,可以发现球磨制备的 Al-Co$_3$O$_4$ 复合物的起始氧化温度比未进行球磨的样品 M-0h 更低。这是由于铝粒子表面致密的 Al$_2$O$_3$ 膜被高速运动的磨球撞击并撕裂而在其表面形成大量的晶界,从而使球磨制备的 Al-Co$_3$O$_4$ 复合物具有更低的起始氧化温度。样品 M-2h、M-3h 和 M-4h 的起始氧化温度分别为 645 ℃、480 ℃和 659 ℃。可以看到,样品 M-3h 由于具有更小的颗粒粒径,所以样品 M-3h 具有更低的起始氧化温度。通过计算发现在室温至 1 400 ℃的温度范围之间,样品 M-2h、M-3h 和 M-4h 中大约有 75%、72% 和 43% 的 Al 转化为 Al$_2$O$_3$,但是对于样品 M-0h,仅有约 27% 的 Al 转化为 Al$_2$O$_3$。

从 Al-Co$_3$O$_4$ 复合物的 DSC 曲线可以看出,所有的 Al-Co$_3$O$_4$ 复合物都显示出两个强的放热峰。随着温度的升高,暴露的铝发生氧化放热反应,形成第一个放热峰该过程中铝粒子表面的无定形态的氧化铝随温度的升高逐渐转变为具有更高密度的 γ-Al$_2$O$_3$,从而使表面的氧化铝无法完全在铝粒子表面形成连续的氧化铝壳。因此,内部的铝就可以暴露并发生氧化反应放出热量,反应直至 γ-Al$_2$O$_3$

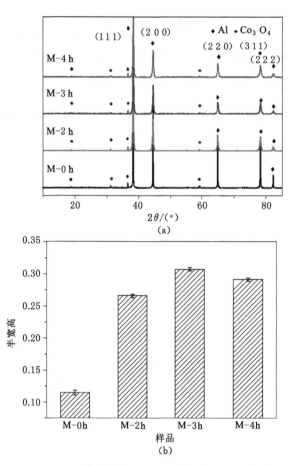

图 11-4　Al-Co₃O₄ 复合物的 XRD 图谱及其(111)衍射峰的半宽高

完全覆盖铝粒子表面,氧化反应无法继续进行为止。第二个氧化放热峰形成的原因同样是由于温度升高导致内部的铝暴露出来,与氧气发生氧化放热反应。在第一个氧化反应过程中所形成的 γ-Al_2O_3 随着温度的继续升高而转化成更为致密且密度更高的 α-Al_2O_3,同时也会也引起表面氧化铝层的收缩,从而继续暴露出内部的铝,暴露出来的铝可以与氧气继续反应。样品 M-3h 在第一个氧化反应阶段表现出比其他样品更高的放热焓,这是由于样品 M-3h 具有较小的颗粒粒径以及在高能球磨过程中铝粒子表面的保护性氧化铝层被破坏。在第一氧化反应阶段,可以计算出约有 36% 的 Al 被氧化为 Al_2O_3。然而,样品 M-3h 在高温氧化反应过程中的放热焓低于样品 M-2h 和 M-4h 的放热焓值,是由于样品 M-3h 的第一氧化反应阶段有更多的 Al 形成了 γ-Al_2O_3 所引起的。

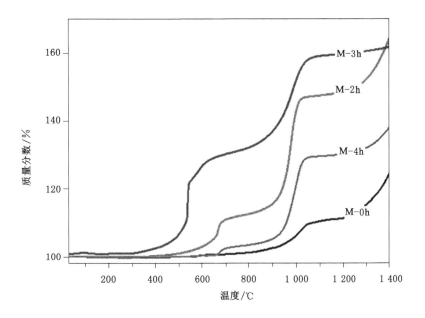

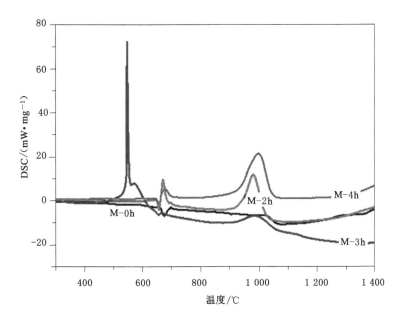

图 11-5 空气中样品的 DSC/TGA 曲线

表 11-3　M-0h、M-2h、M-3h 和 M-4h 样品的热分析数据

样品	$T_{onset}^a/℃$	$\Delta H_{low}^b/(J \cdot g^{-1})$	$\Delta H_{high}^c/(J \cdot g^{-1})$	$w_o^d/\%$
M-0h	955	—	—	23
M-2h	645	755	6 847	64
M-3h	480	2 655	5 463	61
M-4h	659	821	9 247	37

注:a 起始氧化温度;b 低温氧化阶段的放热焓;c 高温氧化阶段的放热焓;d 氧化增量。

为了进一步研究 Al-Co₃O₄ 复合物的氧化反应动力学,我们在不同升温速率条件下测试了 Al-Co₃O₄ 复合物的 DSC 曲线,并通过基辛格(Kissinger)公式来计算 Al-Co₃O₄ 复合物的反应活化能,基辛格公式[223]如下:

$$\frac{d[\ln(\beta/T_p^2)]}{d(1/T_p)} = -E_a/R \tag{11-1}$$

式中,β 为测试过程中的升温速率,K/min;T_p 为最大放热峰值温度,K;R 为气体常数;E_a 为反应活化能,kJ/mol。

图 11-6 和表 11-4 分别为复合物 M-2h、M-3h 和 M-4h 的基辛格图以及计算得到的活化能(E_a)的值,其中氧化反应过程 Ⅰ 代表低温氧化反应阶段,氧化反应过程 Ⅱ 代表高温氧化反应阶段。在氧化反应过程 Ⅰ 阶段中,样品 M-3h 的活化能比样品 M-2h 和 M-4h 的活化能低,表明 M-3h 在低温阶段下更容易被氧化。在氧化反应过程 Ⅱ 中,样品 M-3h 的活化能高于样品 M-2h 和 M-4h 的活化能,这是由于在氧化反应过程 Ⅰ 中有更多的铝被氧化并形成了 γ-Al₂O₃。在氧化反应过程 Ⅱ 中,可以暴露的铝相对变少,所以样品 M-3h 的氧化反应过程 Ⅱ 中的活化能值比样品 M-2h 和 M-4h 高。

表 11-4　样品 M-2h、M-3h 和 M-4h 的活化能值

样品	活化能/(kJ · mol⁻¹)	
	氧化过程 Ⅰ	氧化过程 Ⅱ
M-2h	322	202
M-3h	67	302
M-4h	273	252

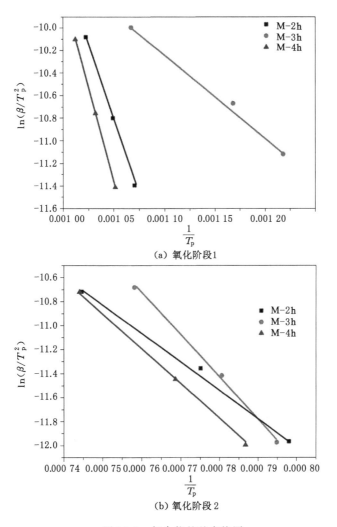

（a）氧化阶段1

（b）氧化阶段 2

图 11-6　复合物的基辛格图

11.4　Al-Co$_3$O$_4$ 复合物与高温水蒸气的反应性能

　　图 11-7 所示为样品 M-2h、M-3h 和 M-4h 在水蒸气中的点火温度。其中，每个样品都进行了 3 次点火温度测试，且每个点都代表着一次点火温度试验。可以看出，样品 M-3h 在水蒸气中的点火温度最低，样品 M-2h、M-3h 和 M-4h 在水蒸气中的平均点火温度分别为 739 ℃、558 ℃和 775 ℃。但是，未进行球磨的样品 M-0h 即使到了 1 000 ℃也没有发生点火现象，这主要是铝粉表面的氧

化铝阻止了铝与水蒸气之间的反应。对于样品 M-2h、M-3h 和 M-4h,铝粒子表面的氧化铝保护层在高能球磨过程中被破坏。其中,样品 M-3h 由于其最小的粒径使其在水蒸气中具有最低的点火温度。

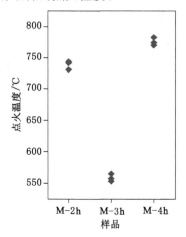

图 11-7　样品在水蒸气中的点火温度

点火延迟时间同样也可以反映 Al-Co_3O_4 复合物与水蒸气的反应性能。表 11-5 为不同温度下样品 M-0h、M-2h、M-3h 和 M-4h 在水蒸气中的点火延迟时间。研究结果表明,未经过球磨的样品 M-0h 在 900 ℃ 以下都没有发生点火现象,所以没有测出其点火延迟时间。样品 M-2h 和 M-4h 可以在 800 ℃ 时发生点火现象,它们的点火延迟时间分别为 18 s 和 34 s。只有样品 M-3h 可以在 700 ℃ 条件下发生点火现象,且点火延迟时间仅为 4 s。图 11-8 所示为复合物 M-0h、M-2h、M-3h 和 M-4h 在 900 ℃ 条件下与水蒸气反应的火焰持续时间。结果显示,样品 M-3h 的活性更高,并且可以保持比样品 M-2h 和 M-4h 更长的燃烧时间。

表 11-5　不同温度下样品在水蒸气中的点火延迟时间

样品	反应温度/℃		
	700	800	900
M-0h	—	—	—
M-2h	—	18 s	10 s
M-3h	4 s	2 s	1 s
M-4h	—	34 s	17 s

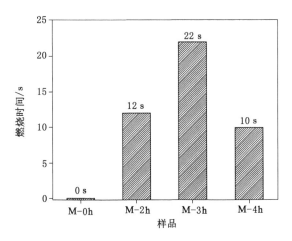

图 11-8　复合物样品在 900 ℃ 条件下与水蒸气反应的火焰持续时间

为了进一步研究 Al-Co$_3$O$_4$ 复合物与水蒸气的反应性能,分别在 700 ℃、800 ℃ 和 900 ℃ 条件下将活性铝复合物与水蒸气反应 15 min,然后收集其燃烧产物进行物相分析,并使用铝含量测定装置测量反应产物中的剩余铝含量。

图 11-9 所示为样品 M-0h、M-2h、M-3h 和 M-4h 在 900 ℃ 条件下与水蒸气燃烧产物中剩余铝的含量。研究结果显示,在所有样品中,复合物 M-3h 的反应产物中未反应的 Al 含量最低,研究表明 M-3h 中有更多的 Al 参与了氧化反应。

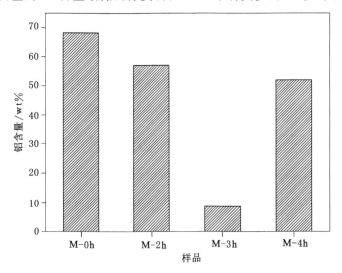

图 11-9　M-0h、M-2h、M-3h 和 M-4h 在 900 ℃ 条件下与水蒸气燃烧产物中的剩余铝含量

图 11-10 所示为 Al-Co$_3$O$_4$ 复合物与水蒸气反应后固体产物的 SEM 图像。在 700 ℃条件下,样品 M-0h 的反应产物中颗粒表面光滑,而样品 M-2h、M-3h 和 M-4h 的反应产物中粒子已经发生了破裂,并且在粒子表面显示出很多孔洞结构。其中样品 M-3h 的反应产物具有最小的粒度。对于样品 M-2h、M-3h 和 M-4h,复合物与水蒸气的反应程度随温度的升高而增加,并且样品 M-3h 的反应产物同样具有最小的粒径。从反应产物的表面形貌可以看出,样品 M-3h 的

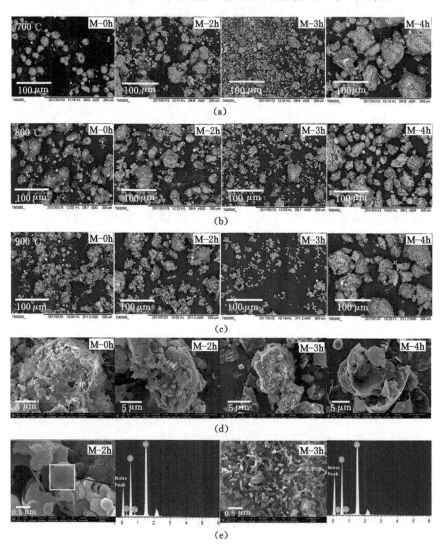

图 11-10 不同样品在不同温度条件下与水蒸气反应产物的 SEM 图像、表面形貌及 EDS 能谱图

图 11-10(d)所示。根据样品 M-3h 的 EDS 能谱可以判断这些珊瑚状小颗粒的 Al/O 原子比为 0.63,说明这些表面上形成的小颗粒为 Al_2O_3。样品 M-2h 的燃烧产物粒子表面有许多小的球形颗粒,而样品 M-0h 和 M-4h 的产物则展示出许多破碎的氧化铝壳。这些燃烧产物形貌上的明显差异表明样品 M-3h 与水蒸气的反应程度高于其他样品。

　　图 11-11 所示为样品 M-0h、M-2h、M-3h 和 M-4h 与 900 ℃水蒸气反应的 XRD 图谱。正如预期的那样,样品 M-3h 的反应产物中的大部分 Al 与水蒸气反应形成了 $\alpha\text{-}Al_2O_3$。但是,样品 M-2h 和 M-4h 的反应产物显示出较弱的 $\alpha\text{-}Al_2O_3$ 结晶峰以及较强的 Al 结晶峰;同时,通过 M-3h 反应产物的放大图,可以观察到 Co_2Al_9 合金的形成。

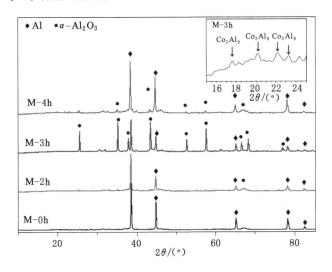

图 11-11　不同样品在 900 ℃条件下与水蒸气反应的 XRD 图谱

　　图 11-12 所示为样品 M-3h 在 700 ℃ 和 900 ℃条件下与水蒸气反应的 XRD 图。研究结果表明,样品 M-3h 开始在 700 ℃时形成了 $\gamma\text{-}Al_2O_3$ 和 CoO,在 900 ℃时铝继续反应并形成大量的 $\alpha\text{-}Al_2O_3$,之前形成的 CoO 峰消失并形成 Co_2Al_9 合金。

　　从以上试验结果可知,$Al\text{-}Co_3O_4$ 复合物与水蒸气的反应可以描述为两个阶段,如图 11-13 所示。首先,添加的 Co_3O_4 在高温条件下分解为 CoO 和 O_2,此时水蒸气已经开始与铝发生反应;然后,随着温度的继续升高,CoO 开始与铝发生反应并形成 Co_2Al_9 合金,其中 CoO 和 Al 的氧化还原反应所释放的热也可以促进铝的氧化反应[224]。

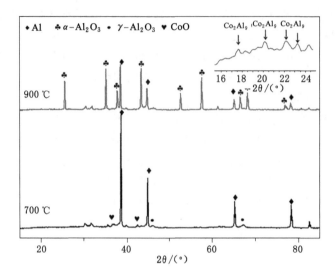

图 11-12　样品 M-3h 在 700 ℃和 900 ℃条件下与水蒸气反应的 XRD 图谱

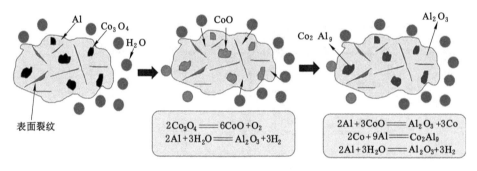

图 11-13　Al-Co_3O_4 复合物与高温水蒸气的反应机理图

本章小结

　　本章通过高能球磨法制备了一系列 Al-Co_3O_4 复合物。研究结果表明,与 2 h 和 4 h 球磨的样品相比,球磨 3 h 制备的 Al-Co_3O_4 复合物具有较小的颗粒粒径。样品 M-3h 在空气中以及高温水蒸气中都相较于其他样品展示出更高的反应活性。样品 M-3h 在空气中,480 ℃时就开始发生氧化反应,它在水蒸气中的点火温度为 558 ℃。Al-Co_3O_4 复合物与水蒸气在 900 ℃条件下反应主要生成了 α-Al_2O_3,还生成了少量的 Co_2Al_9 合金。

第 12 章

石墨类材料对铝与高温水蒸气反应性能的研究

在活性铝复合物的生产中,机械球磨因简单、安全、可靠等优点备受关注[225-226]。研究人员通常加入低熔点金属(Li、Ga、Sn)[132,136,157],以保证球磨过程可以破坏铝粉的氧化层,并提高铝的水解效率。研究发现,金属铋的掺入能与铝形成微原电池,可有效提高活性铝复合物的水解效率和反应速率[102,227-228]。同时,为了防止球磨过程中金属粉末的冷焊,还需加入碳材料作为润滑剂[229]。在常见的碳材料中,石墨基材料因其耐热性和优异的导电性被广泛应用于航空航天和电子领域。石墨材料同样可以提高活性铝复合物的水解效率和速率[230]。石墨材料种类多样,不同厚度石墨材料对活性铝复合物的水解促进效果不同,前述活性铝复合物的水反应性研究证实了石墨类材料有利于提高铝基金属燃料在水中的反应活性。

本章以金属燃料在水下推进系统的应用为背景,继续讨论石墨类材料在高温水蒸气中对活性铝复合物反应性的影响。

12.1 含石墨类材料活性铝复合物的制备

含碳纳米管和氧化石墨烯活性铝复合物(Al-Bi-CNT、Al-Bi-GO)的制备方法同 5.1 节,并且采用同样的方法制备了铝-铋-活性炭(Al-Bi-GI)和铝-铋-石墨烯纳米片(Al-Bi-GE)两种复合物。具体制备参数:球料比 20:1,球磨机转速为 600 r/min,正转 10 min,反转 10 min,间歇 2 min,球磨时间 3 h。Al-Bi-GI 和 Al-Bi-GE 的组分见表 12-1。

表 12-1　两种活性铝复合物的组分

活性铝复合物	组分/%			
	铝粉	铋粉	活性炭(GI)	石墨烯纳米片(GE)
Al-Bi-CNT	90	7	3	—
Al-Bi-GO	90	7	—	3

12.2　含碳纳米管和氧化石墨烯活性铝复合物与高温水蒸气的反应性能研究

　　铝和水在高温水蒸气中的反应产氢难以通过气体收集器直接测量,本章通过测试活性铝复合物在高温水蒸气中燃烧性能,侧面反映其在高温水蒸气的反应性能。图 12-1 所示为用热电偶测量活性铝复合物粉末在高温水蒸气中的温度变化曲线。如图 12-2 所示,根据温度突变判断样品的点火温度,Al-Bi-CNT 和 Al-Bi-GO 在高温水蒸气中的点火温度分别为 672 ℃ 和 679 ℃,最高燃烧温度分别为 856 ℃ 和 806 ℃,说明 CNT 更能促进 Al-Bi 复合物在高温水蒸气中的点火和燃烧。

　　为了表征活性铝复合物在高温水蒸气中的产氢性能,通过测量反应产物的活性铝含量计算相对产氢体积。首先,将活性铝复合物在高温水蒸气中反应后的冷凝产物(CCPs)置于 1 mol/L NaOH 溶液中;然后,利用活性铝含量测试装置测量反应产物与 NaOH 反应生成的 H_2 体积进而得出样品的残余铝含量。

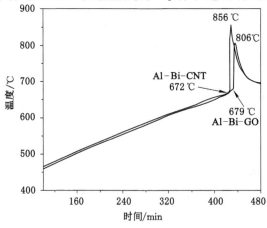

图 12-1　活性铝复合物粉末在高温水蒸气中的温度变化曲线

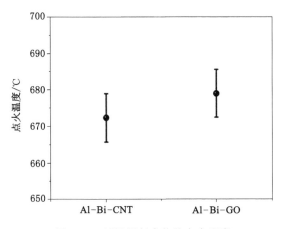

图 12-2　活性铝复合物的点火温度

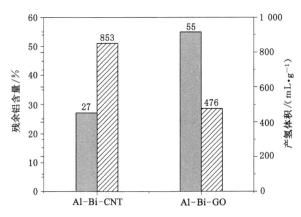

图 12-3　在 200 ℃管式炉中与高温水蒸气反应 10 min 后的残余铝含量

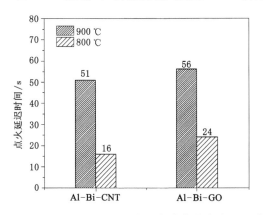

图 12-4　不同温度下活性铝复合物的点火延迟时间

相对产氢量由式(6-3)计算:

$$2Al+3H_2O \longrightarrow Al_2O_3+3H_2 \tag{12-1}$$

$$2Al+2NaOH+2H_2O \longrightarrow 2NaAlO_2+3H_2 \tag{12-2}$$

图 12-3 所示为 Al-Bi-CNT 和 Al-Bi-GO 在 200 ℃水蒸气中反应 10 min 后的残余铝含量和相对产氢体积。如图 12-4 所示,Al-Bi-CNT 在 800 ℃ 和 900 ℃水蒸气中的点火延迟时间分别是 51 s 和 16 s,而 Al-Bi-GO 在 800 ℃和 900 ℃水蒸气中的点火延迟时间分别是 56 s 和 24 s。研究结果表明,碳纳米管比氧化石墨烯更能促进活性铝复合物在高温水蒸气中的点火和燃烧。

由图 12-3 可知,Al-Bi-CNT 和 Al-Bi-GO 的残余铝含量分别为 27% 和 55%,相对产氢体积分别为 853 mL/g 和 456 mL/g。图 12-5 所示为两种活性铝复合物在 800 ℃管式炉中的燃烧,它们的点火延迟时间可以通过燃烧图像进行判定。

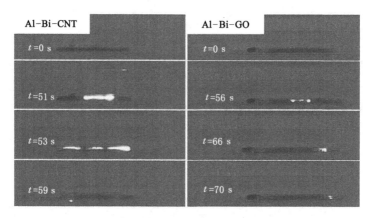

图 12-5　活性铝复合物在 800 ℃管式炉中的燃烧情况

图 12-6 所示为不同倍数下 Al-Bi-CNT 和 Al-Bi-GO 的水蒸气反应产物的 SEM 图像。可以看出,在未完全反应的 Al-Bi-CNT 产物表面有许多鼓包。这些鼓包的形成可能是附着在复合材料上的碳纳米管在反应过程中被逐步剥离,使表面形成新的活性位点,进而与水蒸气发生反应所致。此外,反应产物表面的光滑度也可以证实碳纳米管和氧化石墨烯在高温水蒸气中对活性铝复合物的水解有不同的影响。由图 12-3 可以看出,Al-Bi-CNT 的反应产物表面粗糙,而 Al-Bi-GO 的反应产物表面光滑。可以推断的是,CNT 随着反应的进行被逐渐剥离,为活性铝复合物提供了更多的活性位点,进而表面较粗糙。而 GO 的尺寸较大,为活性铝复合物提高的活性位点较少,产物表面显得更光滑。此外,已有研

究表明,高温下 Al-H_2O 反应的产物主要是 Al_2O_3。图 12-3 中的 XRD 图谱展示了 Al、Bi 和 Al_2O_3 的晶型,证实了这两种碳材料即使在高温下也不参与铝的水解反应。

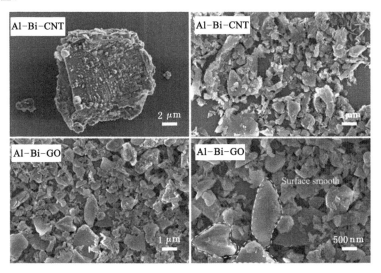

(a) SEM 图像

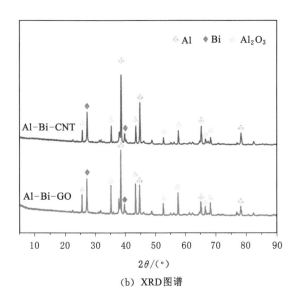

(b) XRD 图谱

图 12-6　不同倍数下反应产物的 SEM 图像和反应产物的 XRD 图谱

12.3 含活性炭和石墨烯纳米片铝复合物与高温水蒸气的反应性能研究

利用管式炉和蒸汽发生器研究了 Al-Bi-GI 和 Al-Bi-GE 在高温水蒸气中的反应性。图 12-7 所示活性铝复合物的温度变化曲线,可以根据温度突变判断样品的点火温度。可以看出,Al-Bi-GE 的点火温度和最高温度分别为 696 ℃ 和 969 ℃,Al-Bi-GI 的着火温度和最高温度分别为 763 ℃ 和 900 ℃。相比之下,Al-Bi-GE 更易点火且温度高。同样,用相机记录了样品在管式炉中的燃烧图像,以此来确定样品的点火延迟时间。图 12-8 所示为 Al-Bi-GI 和 Al-Bi-GE 在不同温度下的点火延迟时间。Al-Bi-GE 在 700 ℃ 下的点火延迟时间为 74 s,而 Al-Bi-GI 未发生燃烧现象。Al-Bi-GI 和 Al-Bi-GE 在 800 ℃时的点火延迟时间分别为 65 s 和 51 s,在 900 ℃ 时分别为 40 s 和 27 s。随着温度的升高,点火延迟时间逐渐降低。较低的点火温度和较短的点火延迟时间表明,Al-Bi-GE 在高温水蒸气中的反应性优于 Al-Bi-GI。图 12-9 所示为两种活性铝复合物与高温水蒸气反应后冷凝产物的残余铝含量。随着温度的升高,产物的残余铝含量逐渐降低。这说明高温有助于提高这两种活性铝复合物的反应性。

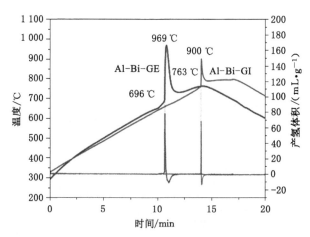

图 12-7 活性铝复合物的温度变化曲线

图 12-10 所示为 Al-Bi-GI 和 Al-Bi-GE 在 900 ℃水蒸气中反应 10 min 后 CCPs 的 SEM 图像和 EDS 能谱图。在图 12-10 中,Al-Bi-GI 的 CCPs 在烧结

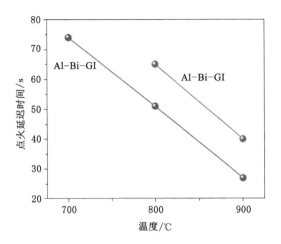

图 12-8　不同温度下活性铝复合物的点火延迟时间

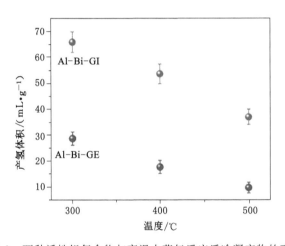

图 12-9　两种活性铝复合物与高温水蒸气反应后冷凝产物的残余铝含量

后收缩成块状,粒径为 9.81 μm;同时,从放大后的 SEM 图像中可以看到部分 Al_2O_3 晶体。图 12-11 所示为 Al-Bi-GE 和 Al-Bi-GI 燃烧产物的 EDS 能谱图和元素含量分布图。Al 和 O 的元素分布表明,高温水蒸气中的反应仍以形成 Al_2O_3 为主,C 和 Bi 不参与 Al/H_2O 主反应。Al-Bi-GI 和 Al-Bi-GE CCPs 的 Al/O 比值分别为 5.14 和 1.24。Al/O 比值越低,说明复合物在高温水蒸气中生成的 Al_2O_3 越多,反应程度越高。在图 12-12 中,Al-Bi-GE 的 Al 峰强度弱于 Al-Bi-GI,Al_2O_3 峰强度高于 Al-Bi-GI,也证实了 Al-Bi-GE 在高温水蒸气中燃烧更完全。

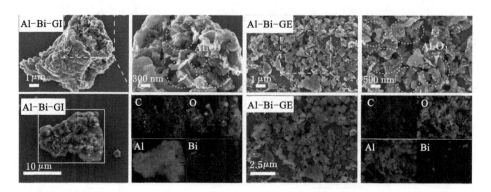

图 12-10　CCPs 的 SEM 图像和 EDS 能谱图

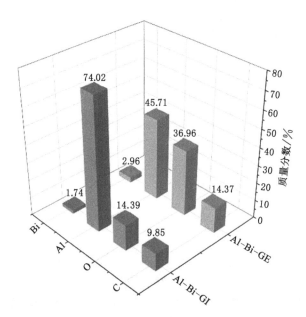

图 12-11　CCPs 元素的质量分数

图 12-13 简要说明了 Al-Bi-GE 和 Al-Bi-GI 与高温水蒸气可能存在的反应机理。对于多层片状的 Al-Bi-GE 复合物,水蒸气通过层间的间隙扩散,在高温条件下 Al 转变为 Al_2O_3,晶格的转变产生复杂的热力学变化,导致 Al-Bi-GE碎裂。碎裂的颗粒增加了与水蒸气的接触面积,提高反应效率。而 Al-Bi-GI 的高温反应从外到内持续腐蚀,容易发生烧结。

相比之下,Al-Bi-GE 的 CCPs 碎裂成小颗粒,其中最大粒径为 2.04 μm (图 12-6)。

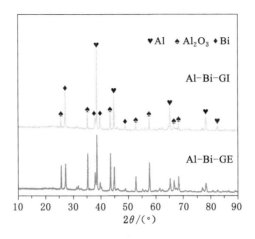

图 12-12　CCPs 的 XRD 图谱

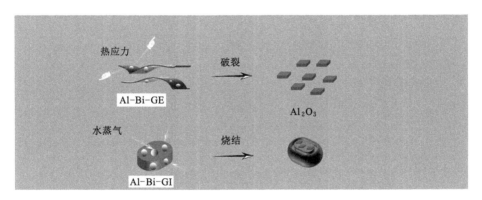

图 12-13　活性铝复合物与高温水蒸气可能存在的反应机理图

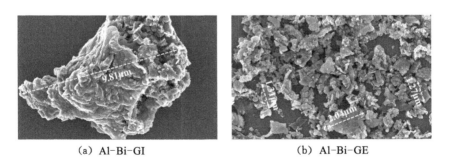

（a）Al-Bi-GI　　　　　　　（b）Al-Bi-GE

图 12-14　CCPs 的粒径 SEM 图像

本章小结

　　本章通过高能球磨法制备了四种铝-铋-石墨类复合物。结果表明,不同的石墨材料对 Al-Bi 复合物在高温水蒸气中的反应性有不同的影响。Al-Bi-CNT 比 Al-Bi-GO 有更短的点火延迟时间、更低的点火温度、更高的燃烧温度。Al-Bi-GE 与 Al-Bi-GI 相比,也有更短的点火延迟时间、更低的点火温度以及更高的燃烧温度。可以推断的是,小尺寸石墨材料更能提高活性铝复合物在高温水蒸气中的反应活性。

第 13 章
石墨类材料对铝与冰反应性能的研究

水冲压发动机是一种具有高比冲和高推力的水下航行器动力推进系统。它是未来超高速水下武器的理想动力装置[231-234]。水反应金属燃料是实现水下武器超高速航行的关键[235]。水反应金属燃料作为水冲压发动机系统的一次燃料,对水冲压发动机的综合性能起着决定性的作用,因而开发水反应金属燃料具有重要意义[236-238]。此外,水下推进系统的应用环境是复杂多变的,主要表现在温度和反应介质的变化。极地气候的低温会抑制金属燃料的持续燃烧,且低温冰中铝-水反应的研究极少。本章主要研究 4 种铝-铋-石墨材料铝复合物在低温冰中的产氢性能,以此揭示铝基水反应金属燃料和冰的反应性。

13.1　铝基水反应金属材料的制备

含碳纳米管和氧化石墨烯活性铝复合物(Al-Bi-CNT、Al-Bi-GO)的制备同 5.1 节。含活性炭和石墨烯纳米片活性铝复合物(Al-Bi-GI、Al-Bi-GE)的制备同 12.1 节,这里不再赘述。

13.2　含碳纳米管和氧化石墨烯铝复合物与冰的反应性能研究

为了研究两种活性铝复合物在低温下的反应活性,我们将反应介质分为 0 ℃的冰水混合物和−20 ℃的冰块。图 13-1 所示为 Al-Bi-CNT 和 Al-Bi-GO 在冰水混合物以及冰中的产氢曲线,并将它们的产氢特征值列于表 13-1 中。由表 13-1 可知,在 0 ℃的冰水混合物中,Al-Bi-GO 的产氢体积为 1 075 mL/g,Al-Bi-CNT 的产氢体积为 886 mL/g。在 −20 ℃的冰中,Al-Bi-CNT 在 15 min 内可以快速产生 700 mL 的氢气,而 Al-Bi-GO 的产氢量仅为 173 mL/g。在 5.2 节中证实了 Al-Bi-CNT 的水解可以快速放热,高温使冰层融化,将固体冰转化为液态水。此外,复合粉体在冰层中的自由堆积,使外部 Al-Bi-CNT 无法充分接触融化的水,内部样品水解产生的热量也无法及时传递,进而积热。热量积累到一定程度而不能及时释放,就会引起反应室内的气体快速膨胀,将未完全反应的粉体带离反应介质。因此,Al-Bi-CNT 的产氢体积低于 Al-Bi-GO。

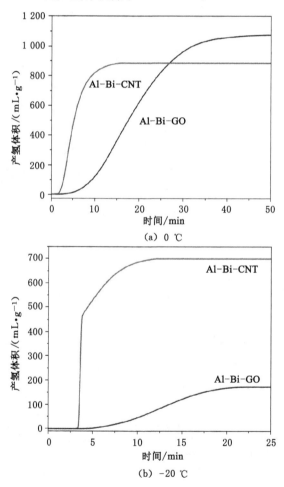

图 13-1　不同低温条件下活性铝复合物的产氢曲线

　　将活性铝复合物与冰层开始接触到产生氢气的时间间隔定义为启动时间。由表 13-1 可以看出,Al-Bi-CNT 在－20 ℃的冰中的最大产氢速率和产氢体积均高于 Al-Bi-GO,且启动时间更短。此外,用大量的乙醇对复合物与冰反应产物进行失活处理。图 13-2 所示为反应产物的 SEM 图像和 XRD 图谱。Al-Bi-CNT 和 Al-Bi-GO 均在表层与水反应生成少量的 AlO(OH)。虽然低温对复合物的水解有明显的抑制作用,但是 Al-Bi-CNT 放热迅速,受到的抑制作用更小。在 XRD 图谱中,Al-Bi-CNT 产物的 Al 峰明显弱于 Al-Bi-GO 产物,说明 Al-Bi-CNT 的水解更完全。

表 13-1　活性铝复合物的低温产氢参数

温度/℃	反应参数	活性铝复合物	
		Al-Bi-CNT	Al-Bi-GO
0	最大产氢速率/$(mL \cdot g^{-1} \cdot s^{-1})$	3.1	0.9
	产氢体积/$(mL \cdot g^{-1})$	886	1 075
	理论产氢体积/$(mL \cdot g^{-1})$	1 124	1 124
	产氢效率/%	79	96
	诱导时间/s	135	168
－20	最大产氢速率/$(mL \cdot g^{-1} \cdot s^{-1})$	24.5	0.3
	产氢体积$(mL \cdot g^{-1})$	700	173
	理论产氢体积/$(mL \cdot g^{-1})$	1 040	1 040
	产氢效率/%	67	17
	诱导时间/s	180	258

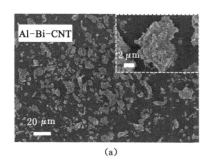 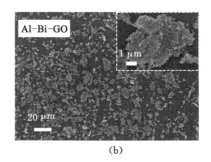

(a)　　　　　　　　　　　　　　　(b)

图 13-2　反应产物的 SEM 图像及 XRD 图谱

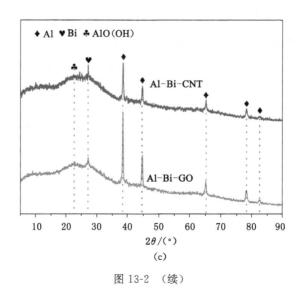

图 13-2 （续）

13.3 含活性炭和石墨烯纳米片活性铝复合物与冰的反应性能

为了探索 Al-Bi-GI 和 Al-Bi-GE 在低温环境下的反应协同作用,研究了两种活性铝复合物在 0 ℃冰水混合物和－15 ℃冰中的产氢性能。如图 13-3 所示,Al-Bi-GI 在冰水混合物中的最大产氢速率(MHGR)为 0.57 mL/(g·s),产氢体积(HGV)为 1 043 mL/(g·s)。Al-Bi-GE 在冰水混合物中的最大产氢速率和最大产氢体积分别为 7.85 mL/(g·s)和 960 mL/g。Al-Bi-GE 的产氢体积比 Al-Bi-GI 低,可能是在气体膨胀的过程中将一些未完全反应的复合物带离了反应介质。在－15 ℃的冰中,Al-Bi-GI 的 MHGR 和 HGV 分别为 0.27 mL/(g·s)和 172 mL/g。Al-Bi-GE 的 MHGR 为 12.6 mL/(g·s)、HGV 为 1 022 mL/g。低温会抑制水解,导致 Al-Bi-GI 产氢率显著降低。然而,Al-Bi-GE 的热积累在短时间内使气体膨胀,同时使冰层融化。由此可以推断,Al-Bi-GE 在低温条件下受到的抑制要小于 Al-Bi-GI。

图 13-4 所示为两种活性铝复合物反应产物的 SEM 图谱,可以看出,Al-Bi-GE 的水解产物颗粒更加破碎,证实了热积累过程中气体膨胀对颗粒的破坏作用。从它们的高倍扫描电镜图像可以发现,Al-Bi-GI 产物表面存在溶胀层,而 Al-Bi-GE 产物是整体破碎,说明在低温下 Al-Bi-GI 只有表层发生了水

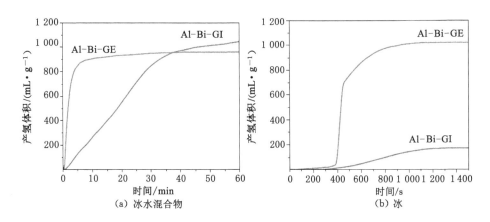

图 13-3　活性铝复合物的产氢曲线

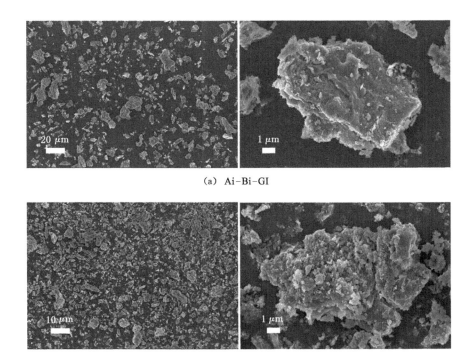

图 13-4　水解产物的 SEM 图像

解,并不能持续反应。图 13-5 所示为反应产物的粒径分布图。Al-Bi-GE 产物的平均粒径为 3.8 μm,低于 Al-Bi-GI 产物的 9.3 μm,产物粒度越小,水解程度越高。由于 AlO(OH)结晶度较低,XRD 图谱中没有明显的衍射峰。然而,图 13-6 中 Al-Bi-GE 产物的 Al 峰相对强度明显弱于 Al-Bi-GI,侧面证实了 Al-Bi-GE 在冰中的水解程度高于 Al-Bi-GI。

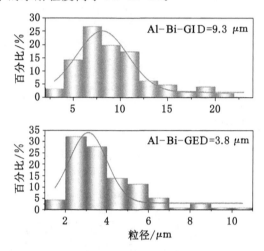

图 13-5 产物的粒度分布(D 为平均粒径)

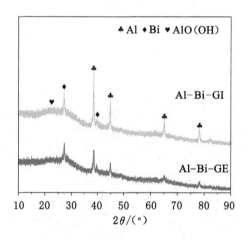

图 13-6 水解产物的 XRD 图谱

图 13-7 所示为两种复合物在冰上的温度变化曲线。Al-Bi-GE 的最高温度可达 104.6 ℃,而 Al-Bi-GI 的最高温度仅为 18 ℃。

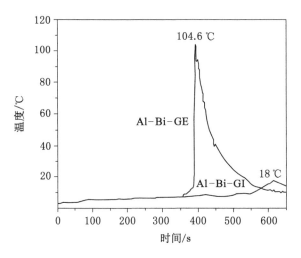

图 13-7　活性铝复合物与冰反应的温度变化曲线

图 13-8 中的红外热像图显示了 Al-Bi-GE 在冰上的温度变化过程,可以概括为热点的形成和扩散。在 388 s 时,从冰表面融化的少量水与 Al-Bi-GE 反应形成热点。反应区积热迅速,在 394 s 时达到 104 ℃。热扩散融化了附近的冰层,使水解得以持续。在低温环境中,此时环境低温对反应区影响大于水解热,表现为温度逐渐降低。图 13-9 简要说明了 Al-Bi-GE 与冰可能的反应机理。

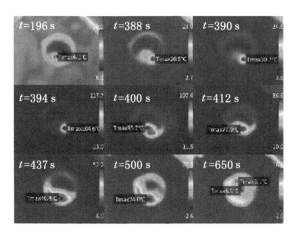

图 13-8　Al-Bi-GE 与冰反应的红外热像图

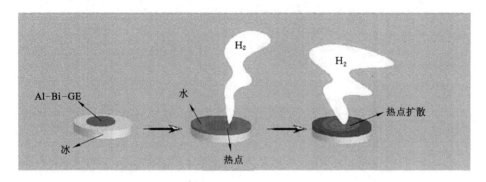

图 13-9   Al-Bi-GE 与冰的反应机理

本章小结

　　本章制备了四种含不同石墨类材料的 Al-Bi 复合物,研究了它们在冰水混合物和冰中的产氢性能。研究结果表明,Al-Bi-CNT 较 Al-Bi-GO,Al-Bi-GE 较 Al-Bi-GI 在低温环境中有更高的产氢速率。复合物与冰反应过程的温度变化对其水解有较大影响,升温高的 Al-Bi-CNT 和 Al-Bi-GE 在低温中受到的抑制较小。Al-Bi-GE 在冰中的产物粒径小于 Al-Bi-GI 的产物粒径,反应更完全。

参 考 文 献

[1] 陈雄洲,熊志红,王绪军."超空泡"及其在水雷上的应用[J].水雷战与舰船防护,2004,(4):21-25.

[2] 崔绪生.国外鱼雷技术进展综述[J].鱼雷技术,2003,11(1):6-11.

[3] 周杰,王树宗.超空泡鱼雷推进系统相关问题设计初探[J].鱼雷技术,2006,14(5):27-30.

[4] 李是良.水冲压发动机用镁基水反应金属燃料一次燃烧性能研究[D].长沙:国防科学技术大学,2009.

[5] 杨琼编译.俄罗斯的"风雪"高速鱼雷[J].水雷战与舰船防护,2005(2):57-58.

[6] 罗凯,党建军,王育才,等.金属/水反应水冲压发动机系统性能估算[J].推进技术,2004,25(6):495-498.

[7] 赵太勇,冯顺山,董永香.水雷武器的现状及发展趋势[J].中北大学学报(自然科学版),2007,28(增刊1):27-30.

[8] 韩鹏,李玉才.水中兵器概论-水雷分册[M].西安:西北工业大学出版社,2007.

[9] 刘科种.爆炸能量输出结构与高威力炸药研究[D].北京:北京理工大学,2009.

[10] COLE R H. Underwater explosion[D]. New Jersey:Princeton University, 1948.

[11] 大连理工大学无机化学教研室.无机化学实验[M].北京:高等教育出版社,1990:178-179.

[12] STRØMSØE E, ERIKSEN S W. Performance of high explosives in underwater applications. part 2:aluminized explosives[J]. Propellants, explosives, pyrotechnics, 1990,15(2):52-53.

[13] CHEN J, HU J, XIAO F. Fluorocarbon nanosheet @ copper oxide microspheres:simultaneous promotion the decomposition of ammonium perchlorate and ignition performance of aluminum[J]. Journal of physics and chemistry of solids, 2023, 172:111062.

[14] XIAO F, CHEN C, CHEN Z, HU J. In situ precise construction of surface-activated boron powders:a new strategy to synergistically improve the interface properties and enhance combustion performance of boron[J]. Fuel,2023,351:128995.

[15] XIAO F, CHEN C, HU J H. Construction of hydrophobic ammonium perchlorate with synergistic catalytic effect based on supramolecular self-assembly for synchronously catalyzing the thermal decomposition of ammonium perchlorate and the combustion of aluminum[J]. Langmuir, 2023,39(27):9514-9525.

[16] XIAO F, LIANG T. Preparation of hierarchical core-shell Al-PTFE@TA and Al-PTFE@TA-Fe architecture for improving the combustion and ignition properties of aluminum[J]. Surface and coatings technology,2021,412:127073.

[17] KIMA J H, KIM S B, CHOI M G. Flash-ignitable nanoenergetic materials with tunable underwater explosion reactivity: the role of sea urchin-like carbon nanotubes [J]. Combustion and flame, 2015,162(4):1448-1454.

[18] XIAO F, LIANG T, LIU Z, et al. Study on the effect of carbon materials with different morphologies on the hydrogen generation performance of aluminum:a strategy to control the hydrogen generation rate of aluminum[J]. Journal of alloys and compounds,2021, 879:160376.

[19] GAURAV M, RAMAKRISHNA P A. Effect of mechanical activation of high specific surface area aluminum with PTFE on composite solid propellant[J]. Combustion and flame,2016,166:203-215.

[20] XIAO F, LIU Z, LIANG T, et al. Establishing the interface layer on the aluminum surface through the self-assembly of tannic acid (TA): improving the ignition and combustion properties of aluminum[J]. Chemical engineering journal,2021,420:130523.

[21] XIAO F, WU T, YANG Y. Research progress in hydrogen production by hydrolysis of magnesium-based materials [J]. International journal of hydrogen energy, 2024, 49, 696-718.

[22] WANG W, CHEN W, ZHAO X M, et al. Effect of composition on the reactivity of Al-rich alloys with water[J]. International journal of hydrogen Energy, 2012,37(24): 18672-18678.

[23] CORCORAN A, MERCATI S, NIE H Q, et al. Combustion of fine aluminum and magnesium powders in water[J]. Combustion and flame,2013,160(10):2242-2250.

[24] XIAO F, ZHANG H. Regulation of the hydrolysis reaction performance of aluminum composites by PTFE and investigation of the hydrolysis mechanism[J]. International journal of hydrogen energy,2022,47(83):35329-35339.

[25] XIAO F, ZHANG H, LIU W, et al. Enhanced combustion performance of core-shell aluminum with poly(vinylidene fluoride) interfacial layer:constructing the combination bridge of aluminum powder and poly(vinylidene fluoride)[J]. Surface and coatings technology,2022, 439:128410.

[26] ZHANG J B, GAO H X, XIAO F, et al. Effect of shock wave formation on propellant ignition in capillary discharge[J]. Plasma science and technology, 2022,24(6):065504.

[27] ZHANG J B, GAO H X, XIAO F, et al. A nanoparticle formation model considering layered motion based on an electrical explosion experiment with Al wires[J]. Plasma science and technology, 2022,25(1):015508.

[28] LIU Z, YANG R, XIAO F. Low-temperature ignition and mechanism of μAl coated with bismuth citrate[J]. Combustion and flame,2023,258:113064.

[29] LIU Y, LIU X, CHEN X, et al. Hydrogen generation from hydrolysis of activated Al-Bi, Al-Sn Powders prepared by gas atomization method[J]. International journal of hydrogen energy,2017,42(16):10943-10951

[30] XIAO F, GUO Y, Li J, et al. Hydrogen generation from hydrolysis of activated magnesium/low-melting-point metals alloys [J]. International journal of hydrogen energy,2019,44(3):1366-1373.

[31] CHEN C, LIU B, LAN S, et al. Study on exothermic effect of surface modified porous aluminum[J]. Colloids and surfaces A: physicochemical and engineering aspects,2023, 671:131649.

[32] QIAO D, LU Y, TANG Z, et al. The superior hydrogen-generation performance of multi-component Al alloys by the hydrolysis reaction [J]. International journal of hydrogen energy,2019,44(7):3527-3537.

[33] LIU W, LIANG T, ZHANG J, et al. Design and preparation of AP/M(5-ATZ)$_4$Cl$_2$ (M=Cu,Co) self-assembled intermolecular energetic materials[J]. Chemical engineering journal,2022,431:133253.

[34] AVARA B, OZCAN S. Structural evolutions in Ti and TiO$_2$ powders by ball milling and subsequent heat-treatments[J]. Ceramics international,2014,40(7):11123-11130.

[35] RAZAVI S S, SZPUNAR J A. Effect of addition of water-soluble salts on the hydrogen generation of aluminum in reaction with hot water[J]. Journal of alloys and compounds, 2016,679:364-374.

[36] SHINA H, LEEB S, JUNGC H, et al. Effect of ball size and powder loading on the milling efficiency of a laboratory-scale wet ball mill[J]. Ceramics international,2013,39 (8):8963-8968.

[37] KURLOV A S, GUSEV A I. High-energy milling of nonstoichiometric carbides:effect of nonstoichiometry on particle size of nanopowders [J]. Journal of alloys and compounds,2014,582:108-118.

[38] RAGHAVENDRA K G, DASGUPTA A, BHASKAR P, et al. Synthesis and characterization of Fe-15wt. % ZrO$_2$ nanocomposite powders by mechanical milling[J]. Powder technology,2016,287:190-200.

[39] HUOT J, LIANG G, SCHULZ R. Magnesium-based nanocomposites chemical hydrides [J]. Journal of alloys and compounds,2003,353(1/2):L12-L15.

[40] UMBRAJKAR S, SCHOENITZ M, DREIZIN E. Control of structural refinement and

composition in Al-MoO₃ nanocomposites prepared by arrested reactive milling [J]. Propellants, explosives, pyrotechnics, 2006, 31(5):382-389.

[41] DREIZIN E L, SCHOENITZ M. Mechanochemically prepared reactive and energetic materials: a review[J]. Journal of materials science, 2017, 52(20):11789-11809.

[42] WHITE J D E, REEVES R V, SON S F, et al. Thermal explosion in Al-Ni system: influence of mechanical activation [J]. The journal of physical chemistry A, 2009, 113(48):13541-13547.

[43] ELIZUR S, ROSENBAND V, GANY A. Study of hydrogen production and storage based on aluminum-water reaction[J]. International journal of hydrogen energy, 2014, 39 (12):6328-6334.

[44] DREIZIN E L, SCHOENITZ M. Correlating ignition mechanisms of aluminum-based reactive materials with thermoanalytical measurements [J]. Progress in energy and combustion science, 2015, 50:81-105.

[45] ZHANG S S, SCHOENITZ M, DREIZIN E L. Mechanically alloyed Al-I composite materials[J]. Journal of physics and chemistry of solids, 2010, 71(9):1213-1220.

[46] CONCAS A, LAI N, PISU M, et al. Modelling of comminution processes in spex mixer/mill[J]. Chemical engineering science, 2006, 61(11):3746-3760.

[47] XI S Q, ZHOU J G, WANG X T. Research on temperature rise of powder during high energy ball milling[J]. Powder metallurgy, 2007, 50(4):367-373.

[48] TERRY B C, SON S F, GROVEN L J. Altering combustion of silicon/ polytetrafluoroethylene with two-step mechanical activation[J]. Combustion and flame, 2015, 162(4):1350-1357.

[49] FAN M, SUN L, XU F. Feasibility study of hydrogen production for micro fuel cell from activated Al-In mixture in water[J]. Energy, 2010, 35(3):1333-1337.

[50] WU T, XU F, SUN L X, et al. Al-Li₃AlH₆: a novel composite with high activity for hydrogen generation [J]. International journal of hydrogen energy, 2014, 39 (20): 10392-10398.

[51] HUANG M H, OUYANG L Z, CHEN Z L, et al. Hydrogen production via hydrolysis of Mg-oxide composites[J]. International journal of hydrogen energy, 2017, 42 (35): 22305-22311.

[52] DU PREEZ S P, BESSARABOV D G. Hydrogen generation by the hydrolysis of mechanochemically activated aluminum-tin-indium composites in pure water [J]. International journal of hydrogen energy, 2018, 43(46):21398-21413.

[53] GAURAV M, RAMAKRISHNA P A. Effect of mechanical activation of high specific surface area aluminium with PTFE on composite solid propellant[J]. Combustion and flame, 2016, 166:203-215.

[54] RAZAVI-TOUSI S S, SZPUNAR J A. Effect of structural evolution of aluminum

powder during ball milling on hydrogen generation in aluminum-water reaction[J]. International journal of hydrogen energy,2013,38(2):795-806.

[55] AWAD A S, EL-ASMAR E, TAYEH T, et al. Effect of carbons (G and CFs),TM (Ni,Fe and Al) and oxides (Nb_2O_5 and V_2O_5) on hydrogen generation from ball milled Mg-based hydrolysis reaction for fuel cell[J]. Energy,2016,95:175-186.

[56] UMBRAJKAR S M, SESHADRI S, SCHOENITZ M, et al. Aluminum-rich Al-MoO_3 nanocomposite powders prepared by arrested reactive milling[J]. Journal of propulsion and power,2008,24(2):192-198.

[57] WANG C P, LIU X J, OHNUMA I, et al. Formation of immiscible alloy powders with egg-type microstructure[J]. Science,2002,297(5583):990-993.

[58] NICHIPORENKO O S, NAIDA Y I. Heat exchange between metal particles and gas in the atomization process[J]. Soviet powder metallurgy and metal ceramics,1968,7(7): 509-512.

[59] BECKERS D, ELLENDT N, FRITSCHING U, et al. Impact of process flow conditions on particle morphology in metal powder production via gas atomization[J]. Advanced powder technology,2020,31(1):300-311.

[60] LAMPA A, FRITSCHING U. Spray structure analysis in atomization processes in enclosures for powder production[J]. Atomization and sprays,2011,21(9):737-752.

[61] WANG C P, LIU Y H, LIU H X, et al. A novel self-assembling Al-based composite powder with high hydrogen generation efficiency[J]. Scientific reports,2015,5:17428.

[62] WANG W, ZOU H, CAI S Z. The oxidation and combustion properties of gas atomized aluminum-boron-europium alloy powders [J]. Propellants, explosives, pyrotechnics, 2019,44(6):725-732.

[63] ZHANG D M, ZOU H, CAI S Z. Effect of iron coating on thermal properties of aluminum-lithium alloy powder[J]. Propellants, explosives, pyrotechnics,2017,42(8): 953-959.

[64] HU A B, ZOU H, SHI W, et al. Preparation,microstructure and thermal property of $ZrAl_3$/Al composite fuels[J]. Propellants, explosives, pyrotechnics, 2019, 44 (11): 1454-1465.

[65] ZHOU X, XU D G, YANG G C, et al. Highly exothermic and superhydrophobic Mg/fluorocarbon core/shell nanoenergetic arrays [J]. ACS applied materials & interfaces,2014,6(13):10497-10505.

[66] 刘冠鹏,郭效德,段红珍,等. Mg 粉的新型包覆处理及其水反应特性[J]. 中国有色金属学报,2007,17(12):1999-2004.

[67] KETTWICH S C, KAPPAGANTULA K, KUSEL B S, et al. Thermal investigations of nanoaluminum/perfluoropolyether core shell impregnated composites for structural energetics[J]. Thermochimica acta,2014,591:45-50.

[68] XU J B, TAI Y, RU C B, et al. Tuning the ignition performance of a microchip initiator by integrating various Al/MoO$_3$ reactive multilayer films on a semiconductor bridge[J]. ACS applied materials & interfaces,2017,9(6):5580-5589.

[69] CROUSE C A, PIERCE C J, SPOWART J E. Influencing solvent miscibility and aqueous stability of aluminum nanoparticles through surface functionalization with acrylic monomers[J]. ACS applied materials & interfaces,2010,2(9):2560-2569.

[66] GHALMI Z, FARZANEH M. Durability of nanostructured coatings based on PTFE nanoparticles deposited on porous aluminum alloy[J]. Applied surface science, 2014, 314:564-569.

[70] HE W, LIU P J, GONG F Y, et al. Tuning the reactivity of metastable intermixed composite n-Al/PTFE by polydopamine interfacial control[J]. ACS applied materials & interfaces,2018,10(38):32849-32858.

[71] WANG J, QIAO Z Q, YANG Y T, et al. Core-shell Al-polytetrafluoroethylene (PTFE) configurations to enhance reaction kinetics and energy performance for nanoenergetic materials[J]. Chemistry (Weinheim an Der Bergstrasse, Germany), 2016, 22 (1): 279-284.

[72] SHAHRAVAN A, DESAI T P, MATSOUKAS T. Passivation of aluminum nanoparticles by plasma-enhanced chemical vapor deposition for energetic nanomaterials [J]. ACS applied materials & interfaces,2014,6(10):7942-7947.

[73] DU R, HU M L, XIE C S, et al. Preparation of Fe/Al composites with enhanced thermal properties by chemical liquid deposition methods[J]. Propellants, explosives, pyrotechnics,2012,37(5):597-604.

[74] LV X W, ZHA M X, MA Z Y, et al. Fabrication, characterization, and combustion performance of Al/HTPB composite particles[J]. Combustion science and technology, 2017,189(2):312-321.

[75] KIM K T, KIM D W, KIM C K,et al. A facile synthesis and efficient thermal oxidation of polytetrafluoroethylene-coated aluminum powders[J]. Materials letters, 2016, 167: 262-265.

[76] WANG J, QU Y, GONG F, et al. A promising strategy to obtain high energy output and combustion properties by self-activation of nano-Al[J]. Combustion and flame, 2019,204:220-226.

[77] KAPPAGANTULA K S, FARLEY C, PANTOYA M L, et al. Tuning energetic material reactivity using surface functionalization of aluminum fuels[J]. The journal of physical chemistry C,2012,116(46):24469-24475.

[78] YE M Q, ZHANG S T, LIU S S, et al. Preparation and characterization of pyrotechnics binder-coated nano-aluminum composite particles[J]. Journal of energetic materials, 2017,35(3):300-313.

[79] ZENG C C, WANG J, HE G S, et al. Enhanced water resistance and energy performance of core-shell aluminum nanoparticles via *in situ* grafting of energetic glycidyl azide polymer[J]. Journal of materials science,2018,53(17):12091-12102.

[80] FAN M Q, LIU S, WANG C, et al. Hydrolytic hydrogen generation using milled aluminum in water activated by Li,In,and Zn additives[J]. Fuel cells,2012,12(4):642-648.

[81] BANIAMERIAN M J, MORADI S E. Al-Ga doped nanostructured carbon as a novel material for hydrogen production in water[J]. Journal of alloys and compounds,2011,509(21):6307-6310.

[82] ZHANG F, YONEMOTO R, ARITA M, et al. Hydrogen generation from pure water using Al-Sn Powders consolidated through high-pressure torsion[J]. Journal of materials research,2016,31(6):775-782.

[83] FAN M Q, XU F, SUN L X, et al. Hydrolysis of ball milling Al-Bi-hydride and Al-Bi-salt mixture for hydrogen generation [J]. Journal of alloys and compounds, 2008, 460(1/2):125-129.

[84] LIU Y A, WANG X H, LIU H Z, et al. Improved hydrogen generation from the hydrolysis of aluminum ball milled with hydride[J]. Energy,2014,72:421-426.

[85] YANG B, ZHU J, JIANG T, et al. Effect of heat treatment on AlMgGaInSn alloy for hydrogen generation through hydrolysis reaction[J]. International journal of hydrogen energy,2017,42(38):24393-24403.

[86] HE T T, WANG W, CHEN D M, et al. Effect of Ti on the microstructure and Al-water reactivity of Al-rich alloy[J]. International journal of hydrogen energy,2014,39(2):684-691.

[87] CHANG F, EDALATI K, ARITA M, et al. Fast hydrolysis and hydrogen generation on Al-Bi alloys and Al-Bi-C composites synthesized by high-pressure torsion [J]. International journal of hydrogen energy,2017,42(49):29121-29130.

[88] WEI C D, LIU D, XU S N, et al. Effects of Cu additives on the hydrogen generation performance of Al-rich alloys[J]. Journal of alloys and compounds,2018,738:105-110.

[89] LIU S, FAN M Q, CHEN D, et al. The effect of composition design on the hydrolysis reaction of Al-Li-Sn alloy and water[J]. Energy sources,part A:recovery,utilization,and environmental effects,2015,37(4):356-364.

[90] DU B D, WANG W, CHEN W, et al. Grain refinement and Al-water reactivity of AlGaInSn alloys [J]. International journal of hydrogen energy, 2017, 42 (34): 21586-21596.

[91] FAN M Q, MEI D S, CHEN D, et al. Portable hydrogen generation from activated Al-Li-Bi alloys in water[J]. Renewable Energy,2011,36(11):3061-3067.

[92] ZHANG F, YONEMOTO R, ARITA M, et al. Hydrogen generation from pure water

using Al-Sn Powders consolidated through high-pressure torsion[J]. Journal of materials research,2016,31(6):775-782.

[93] WANG H Z, LEUNG D Y C, LEUNG M K H, et al. A review on hydrogen production using aluminum and aluminum alloys[J]. Renewable and sustainable energy reviews, 2009,13(4):845-853.

[94] LIU Y, WANG X, LIU H, DONG Z,et al. Effect of salts addition on the hydrogen generation of Al-LiH composite elaborated by ball milling [J]. Energy, 2015, 89: 907-913.

[95] TENG H T, LEE T Y, CHEN Y K,et al. Effect of Al(OH)$_3$ on the hydrogen generation of aluminum-water system[J]. Journal of power sources,2012,219:16-21.

[96] GAI W Z, LIU W H, DENG Z Y. Reaction of Al powder with water for hydrogen generation under ambient condition[J]. International journal of hydrogen energy,2012, 37(17):13132-13140.

[97] FAN M, XU F, SUN L. Studies on hydrogen generation characteristics of hydrolysis of the ball milling Al-based materials in pure water[J]. International journal of hydrogen energy,2007,32(14):2809-2815.

[98] DENG Z Y, Tang Y B, Zhu L L,et al. Effect of different modification agents on hydrogen-generation by the reaction of Al with water [J]. International journal of hydrogen energy,2010,35(18):9561-9568.

[99] AN Q, HU H Y, LI N, et al. Effects of Bi composition on microstructure and Al-water reactivity of Al-rich alloys with low-In[J]. International journal of hydrogen energy, 2018,43(24):10887-10895.

[100] ILYUKHINA A V, ILYUKHIN A S, SHKOLNIKOV E I. Hydrogen generation from water by means of activated aluminum[J]. International journal of hydrogen energy,2012,37(21):16382-16387.

[101] YANG W, ZHANG T, ZHOU J, et al. Experimental study on the effect of low melting point metal additives on hydrogen production in the aluminum-water reaction [J]. Energy,2015,88:537-543.

[102] XIAO F, GUO Y, LI J, YANG R. Hydrogen generation from hydrolysis of activated aluminum composites in tap water[J]. Energy,2018,157:608-614.

[103] HUANG X N, LV C J, HUANG Y X, et al. Effects of amalgam on hydrogen generation by hydrolysis of aluminum with water[J]. International journal of hydrogen energy,2011,36(23):15119-15124.

[104] JIA Y Y, SHEN J, MENG H X, et al. Hydrogen generation using a ball-milled Al/Ni/ NaCl mixture[J]. Journal of alloys and compounds,2014,588:259-264.

[105] DENG Z Y, TANG Y B, ZHU L L,et al. Effect of different modification agents on hydrogen-generation by the reaction of Al with water [J]. International journal of

hydrogen energy,2010,35(18):9561-9568.

[106] DU PREEZ S P, BESSARABOV D G. The effects of bismuth and tin on the mechanochemical processing of aluminum-based composites for hydrogen generation purposes[J]. International journal of hydrogen energy,2019,44(39):21896-21912.

[107] XU F, ZHANG X F, SUN L X, et al. Hydrogen generation of a novel Al NaMgH$_3$ composite reaction with water[J]. International journal of hydrogen energy, 2017, 42(52):30535-30542.

[108] RAZAVI-TOUSI S S, SZPUNAR J A. Effect of addition of water-soluble salts on the hydrogen generation of aluminum in reaction with hot water[J]. Journal of alloys and compounds,2016,679:364-374.

[109] LIU Y A, WANG X H, LIU H Z, et al. Study on hydrogen generation from the hydrolysis of a ball milled aluminum/calcium hydride composite[J]. RSC advances, 2015,5(74):60460-60466.

[110] CHEN C, LAN B, LIU K, et al. A novel aluminum/bismuth subcarbonate/salt composite for hydrogen generation from tap water[J]. Journal of alloys and compounds,2019,808:151733.

[111] FAN M Q, MEI D S, CHEN D, et al. Portable hydrogen generation from activated Al-Li-Bi alloys in water[J]. Renewable energy,2011,36(11):3061-3067.

[112] HUANG X N, LV C J, WANG Y, et al. Hydrogen generation from hydrolysis of aluminum/graphite composites with a core-shell structure[J]. International journal of hydrogen energy,2012,37(9):7457-7463.

[113] NARAYANA SWAMY A K, SHAFIROVICH E. Conversion of aluminum foil to powders that react and burn with water[J]. Combustion and flame,2014,161(1): 322-331.

[114] XIAO F, YANG R, LI J. Preparation and characterization of mechanically activated aluminum/polytetrafluoroethylene composites and their reaction properties in high temperature water steam[J]. Journal of alloys and compounds,2018,761:24-30.

[115] XIAO F, LI J M, ZHOU X Y, et al. Preparation of mechanically activated aluminum-rich Al-Co$_3$O$_4$ powders and their thermal properties and reactivity with water steam at high temperature[J]. Combustion science and technology,2018,190(11):1935-1949.

[116] ZHU B, LI F, SUN Y, et al. Enhancing ignition and combustion characteristics of micron-sized aluminum powder in steam by adding sodium fluoride[J]. Combustion and flame,2019,205:68-79.

[117] ZHU B Z, LI F, SUN Y L, et al. The effects of additives on the combustion characteristics of aluminum powder in steam[J]. RSC advances, 2017, 7 (10): 5725-5732.

[118] HUANG H T, ZOU M S, GUO X Y, et al. Reactions characteristics of different

powders in heated steam[J]. Combustion science and technology, 2015, 187 (5): 797-806.

[119] SHI W, YANG W J, DU L J, et al. Study on combustion of aluminum powder mixed with sodium borohydride at low starting temperature in steam atmosphere[J]. Energy sources, part A: recovery, utilization, and environmental effects, 2021, 43 (17): 2134-2146.

[120] YANG W, ZHANG T, ZHOU J, et al. Experimental study on the effect of low melting point metal additives on hydrogen production in the aluminum-water reaction [J]. Energy,2015,88:537-543.

[121] WANG W, CHEN W, ZHAO X M, et al. Effect of composition on the reactivity of Al-rich alloys with water[J]. International journal of hydrogen energy,2012,37(24): 18672-18678.

[122] ILYUKHINA A V, KRAVCHENKO O V, BULYCHEV B M. Studies on microstructure of activated aluminum and its hydrogen generation properties in aluminum/water reaction[J]. Journal of alloys and compounds,2017,690:321-329.

[123] FAN M Q, XU F, SUN L X. Hydrogen generation by hydrolysis reaction of ball-milled Al-Bi alloys[J]. Energy & fuels,2007,21(4):2294-2298.

[124] FAN M Q, XU F, SUN L X. Studies on hydrogen generation characteristics of hydrolysis of the ball milling Al-based materials in pure water[J]. International journal of hydrogen energy,2007,32(14):2809-2815.

[125] DU PREEZ S P, BESSARABOV D G. The effects of bismuth and tin on the mechanochemical processing of aluminum-based composites for hydrogen generation purposes[J]. International journal of hydrogen energy,2019,44(39):21896-21912.

[126] ZIEBARTH J T, WOODALL J M, KRAMER R A, et al. Liquid phase-enabled reaction of Al-Ga and Al-Ga-In-Sn alloys with water[J]. International journal of hydrogen energy,2011,36(9):5271-5279.

[127] HUANG X N, LV C J, HUANG Y X, et al. Effects of amalgam on hydrogen generation by ydrolysis of aluminum with water[J]. International journal of hydrogen energy,2011,36(23):15119-15124.

[128] TAN S C, GUI H, YANG X H, et al. Comparative study on activation of aluminum with four liquid metals to generate hydrogen in alkaline solution[J]. International journal of hydrogen energy,2016,41(48):22663-22667.

[129] FAN M Q, SUN L X, XU F. Study of the controllable reactivity of aluminum alloys and their promising application for hydrogen generation[J]. Energy conversion and management,2010,51(3):594-599.

[130] ZHAO Z, CHEN X, HAO M, et al. Hydrogen generation by splitting water with Al-Ca alloy[J]. Energy,2011,36(5):2782-2787.

[131] YANG W, ZHANG T, ZHOU J, et al. Experimental study on the effect of low melting point metal additives on hydrogen production in the aluminum-water reaction [J]. Energy,2015,88:537-543.

[132] WANG H, CHANG Y, DONG S, et al. Investigation on hydrogen production using multicomponent aluminum alloys at mild conditions and its mechanism [J]. International journal of hydrogen energy,2013,38(3):1236-1243.

[133] LIANG J, GAO L J, MIAO N N, et al. Hydrogen generation by reaction of Al-M (M=Fe,Co,Ni) with water[J]. Energy,2016,113:282-287.

[134] WANG N, MENG H X, DONG Y M, et al. Cobalt-iron-boron catalyst-induced aluminum-water reaction[J]. International journal of hydrogen energy,2014,39(30): 16936-16943.

[135] JIA Y Y, SHEN J, MENG H X, et al. Hydrogen generation using a ball-milled Al/Ni/ NaCl mixture[J]. Journal of alloys and compounds,2014,588:259-264.

[136] CHEN X, ZHAO Z, LIU X, et al. Hydrogen generation by the hydrolysis reaction of ball-milled aluminium-lithium alloys[J]. Journal of power sources,2014,254:345-352.

[137] LUO H, LIU J, PU X X, et al. Hydrogen generation from highly activated Al-Ce composite materials in pure water[J]. Journal of the american ceramic society,2011,94 (11):3976-3982.

[138] ALINEJAD B, MAHMOODI K. A novel method for generating hydrogen by hydrolysis of highly activated aluminum nanoparticles in pure water[J]. International journal of hydrogen energy,2009,34(19):7934-7938.

[139] CHAI Y J, DONG Y M, MENG H X, et al. Hydrogen generation by aluminum corrosion in cobalt(Ⅱ) chloride and nickel(Ⅱ) chloride aqueous solution[J]. Energy, 2014,68:204-209.

[140] SUN Y L, SUN R, ZHU B Z, et al. Effects of additives on the hydrogen generation of Al-H_2O reaction at low temperature[J]. International journal of energy research,2017, 41(14):2020-2033.

[141] NARAYANA S A K, SHAFIROVICH E. Conversion of aluminum foil to powders that react and burn with water[J]. Combustion and flame,2014,161(1):322-331.

[142] IRANKHAH A, SEYED FATTAHI S M, SALEM M. Hydrogen generation using activated aluminum/water reaction[J]. International journal of hydrogen energy,2018, 43(33):15739-15748.

[143] MAHMOODI K, ALINEJAD B. Enhancement of hydrogen generation rate in reaction of aluminum with water[J]. International journal of hydrogen energy,2010,35(11): 5227-5232.

[144] SUN R, ZHU B, Sun Y. The effect of $NiCl_2$ and Na_2CO_3 on hydrogen production by Al/H_2O system[J]. International journal of hydrogen energy,2017,42(6):3586-3592.

[145] BANIAMERIAN M J, MORADI S E. Al-Ga doped nanostructured carbon as a novel material for hydrogen production in water[J]. Journal of alloys and compounds, 2011, 509(21):6307-6310.

[146] HUANG X N, LV C J, WANG Y, et al. Hydrogen generation from hydrolysis of aluminum/graphite composites with a core-shell structure[J]. International journal of hydrogen energy, 2012, 37(9):7457-7463.

[147] PRABU S, WANG H-W. Enhanced hydrogen generation from graphite-mixed aluminum hydroxides catalyzed Al/water reaction[J]. International journal of hydrogen energy, 2020, 45(58):33419-33429.

[148] XIAO F, YANG R, LI J. Hydrogen generation from hydrolysis of activated aluminum/organic fluoride/bismuth composites with high hydrogen generation rate and good aging resistance in air[J]. Energy, 2019, 170:159-169.

[149] XIAO F, YANG R, GAO W, et al. Effect of carbon materials and bismuth particle size on hydrogen generation using aluminum-based composites[J]. Journal of alloys and compounds, 2020, 817:152800.

[150] LIU Y, WANG X H, LIU H Z, et al. Study on hydrogen generation from the hydrolysis of a ball milled aluminum/calcium hydride composite[J]. RSC advances, 2015, 5(74):60460-60466.

[151] DENG Z Y, TANG Y B, ZHU L L, et al. Effect of different modification agents on hydrogen-generation by the reaction of Al with water[J]. International journal of hydrogen energy, 2010, 35(18):9561-9568.

[152] CHEN C, LAN B, LIU K, et al. A novel aluminum/bismuth subcarbonate/salt composite for hydrogen generation from tap water[J]. Journal of alloys and compounds, 2019, 808:151733.

[153] XU F, ZHANG X, SUN L, et al. Hydrogen generation of a novel AlNaMgH$_3$ composite reaction with water[J]. International journal of hydrogen energy, 2017, 42(52):30535-30542.

[154] ZHAO C, XU F, SUN L X, et al. A novel Al-BiOCl composite for hydrogen generation from water[J]. International journal of hydrogen energy, 2019, 44(13):6655-6662.

[155] TENG H, LEE T, CHEN Y, et al. Effect of Al(OH)$_3$ on the hydrogen generation of aluminum-water system[J]. Journal of power sources, 2012, 219:16-21.

[156] ZHANG F, YONEMOTO R, ARITA M, et al. Hydrogen generation from pure water using Al-Sn Powders consolidated through high-pressure torsion[J]. Journal of materials research, 2016, 31(6):775-782.

[157] HU X Y, ZHU G Z, ZHANG Y J, et al. Hydrogen generation through rolling using Al-Sn alloy[J]. International journal of hydrogen energy, 2012, 37(15):11012-11020.

[158] DU PREEZ S P. Hydrogen generation by means of hydrolysis using activated Al-In-Bi-Sn composites for electrochemical energy applications[J]. International journal of electrochemical science,2017,12(9):8663-8682.

[159] LIU S, FAN M Q, WANG C, et al. Hydrogen generation by hydrolysis of Al-Li-Bi-NaCl mixture with pure water[J]. International journal of hydrogen energy,2012,37(1):1014-1020.

[160] LIU S, FAN M Q, CHEN D, et al. The effect of composition design on the hydrolysis reaction of Al-Li-Sn alloy and water[J]. Energy sources,part A:recovery,utilization,and environmental effects,2015,37(4):356-364.

[161] XU F, SUN L X, LAN X F, et al. Mechanism of fast hydrogen generation from pure water using Al-SnCl$_2$ and bi-doped Al-SnCl$_2$ composites[J]. International journal of hydrogen energy,2014,39(11):5514-5521.

[162] FAN M Q, SUN L X, XU F. Feasibility study of hydrogen production for micro fuel cell from activated Al-In mixture in water[J]. Energy,2010,35(3):1333-1337.

[163] GUAN X, ZHOU Z, LUO P, et al. Effects of preparation method on the hydrolytic hydrogen production performance of Al-rich alloys[J]. Journal of alloys and compounds,2019,796:210-220.

[164] TRENIKHIN M V, BUBNOV A V, NIZOVSKII A I, et al. Chemical interaction of the In-Ga eutectic with Al and Al-base alloys[J]. Inorganic materials,2006,42(3):256-260.

[165] ILYUKHINA A V, ILYUKHIN A S, SHKOLNIKOV E I. Hydrogen generation from water by means of activated aluminum[J]. International journal of hydrogen energy,2012,37(21):16382-16387.

[166] TUCK C D S, HUNTER J A, SCAMANS G M. The electrochemical behavior of Al-Ga alloys in alkaline and neutral electrolytes[J]. Journal of the electrochemical society,1987,134(12):2970-2981.

[167] LIU Y, WANG X, LIU H, et al. Effect of salts addition on the hydrogen generation of Al-LiH composite elaborated by ball milling[J]. Energy,2015,89:907-913.

[168] FAN M Q, XU F, SUN L-X,et al. Hydrolysis of ball milling Al-Bi-hydride and Al-Bi-salt mixture for hydrogen generation[J]. Journal of alloys and compounds,2008,460:125-129.

[169] DUPIANO P, STAMATIS D, DREIZIN E L. Hydrogen production by reacting water with mechanically milled composite aluminum-metal oxide powders[J]. International journal of hydrogen energy,2011,36(8):4781-4791.

[170] SERGIO E GUERRERO. Combustion of thermite mixtures based on mechanically alloyed aluminum-iodine material[J]. Combustion and flame,2016,164:164-166.

[171] DU PREEZ S P, BESSARABOV D G. Hydrogen generation of mechanochemically

activated AlBiIn composites [J]. International journal of hydrogen energy, 2017, 42(26):16589-16602.

[172] FAN M Q, XU F, SUN L X, et al. Hydrolysis of ball milling Al-Bi-hydride and Al-Bi-salt mixture for hydrogen generation [J]. Journal of alloys and compounds, 2008, 460(1/2):125-129.

[173] RODRIGUEZ D A, DREIZIN E L, SHAFIROVICH E. Hydrogen generation from ammonia borane and water through combustion reactions with mechanically alloyed Al·Mg Powder[J]. Combustion and flame, 2015, 162(4):1498-1506.

[174] YANG W, LIU X, LIU J, et al. Thermogravimetric analysis of hydrogen production of Al-Mg-Li particles and water[J]. International journal of hydrogen energy, 2016, 41 (19):7927-7934.

[175] SUN Q, ZOU M S, GUO X Y, et al. A study of hydrogen generation by reaction of an activated Mg-CoCl$_2$ (magnesium-cobalt chloride) composite with pure water for portable applications[J]. Energy, 2015, 79:310-314.

[176] HUANG M H, OUYANG L Z, YE J S, et al. Hydrogen generation via hydrolysis of magnesium with seawater using Mo, MoO$_2$, MoO$_3$ and MoS$_2$ as catalysts[J]. Journal of materials chemistry A, 2017, 5(18):8566-8575.

[177] HUANG M, OUYANG L, LIU J, WANG H, et al. Enhanced hydrogen generation by hydrolysis of Mg doped with flower-like MoS$_2$ for fuel cell applications[J]. Journal of power sources, 2017, 365:273-281.

[178] ZOU M S, GUO X Y, Huang H T, et al. Preparation and characterization of hydro-reactive Mg-Al mechanical alloy materials for hydrogen production in seawater[J]. Journal of power sources, 2012, 219:60-64.

[179] TAN Z, OUYANG L, Liu J, et al. Hydrogen generation by hydrolysis of Mg-Mg$_2$Si composite and enhanced kinetics performance from introducing of MgCl$_2$ and Si[J]. International journal of hydrogen energy, 2018, 43(5):2903-2912.

[180] MA M, YANG L, OUYANG L, SHAO H, et al. Promoting hydrogen generation from the hydrolysis of Mg-Graphite composites by plasma-assisted milling[J]. Energy, 2019, 167:1205-1211.

[181] SHMELEV V, YANG H, YIM C. Hydrogen generation by reaction of molten aluminum with water steam [J]. International journal of hydrogen energy, 2016, 41(33):14562-14572.

[182] NAM D H, CHOI K S. Bismuth as a new chloride-storage electrode enabling the construction of a practical high capacity desalination battery[J]. Journal of the american chemical society, 2017, 139(32):11055-11063.

[183] SUN J G, LI M C, OH J A S, et al. Recent advances of bismuth based anode materials for sodium-ion batteries[J]. Materials technology, 2018, 33(8):563-573.

[184] HAMPSON N A, KELLY S, PETERS K. The effect of alloying with bismuth on the electrochemical behavior of lead[J]. Journal of the electrochemical society, 1980, 127(7):1456-1460.

[185] CERECEDA-COMPANY P, COSTA-KRÄMER J L. Electrochemical growth of bismuth for X-ray absorbers[J]. Journal of the electrochemical society, 2018, 165(5): D167-D182.

[186] PAULIUKAITÉR, HOČEVAR S, OGOREVC B, et al. Characterization and applications of a bismuth bulk electrode[J]. Electroanalysis, 2004, 16(9):719-723.

[187] GUNDERSEN J T B, AYTAÇ A, NORDLIEN J H, et al. Effect of heat treatment on electrochemical behaviour of binary aluminium model alloys[J]. Corrosion science, 2004, 46(3):697-714.

[188] YU M, KIM M, YOON B, et al. Carbon nanotubes/aluminum composite as a hydrogen source for PEMFC[J]. International journal of hydrogen energy, 2014, 39(34):19416-19423.

[189] ZHANG L Q, TANG Y S, DUAN Y L, et al. Green production of hydrogen by hydrolysis of graphene-modified aluminum through infrared light irradiation[J]. Chemical engineering journal, 2017, 320:160-167.

[190] OKAMOTO H, Supplemental lirerature review of binary phase diagrams: Ag-Te, B-Mo, C-Nd, Cd-Te, Ce-S, Co-Er, Fe-V, Ho-Mo, Ho-V, Ni-Th, and Ni-U[J]. Journal of phase equilibria and diffusion 2018, 39(6):953-965.

[191] RAJESH KUMAR S, WANG J, WU Y, et al. Synergistic role of graphene oxide-magnetite nanofillers contribution on ionic conductivity and permeability for polybenzimidazole membrane electrolytes[J]. Journal of power sources, 2020, 445:227293.

[192] FENG D, ZHANG Y Y, FENG T T, et al. A graphene oxide-peptide fluorescence sensor tailor-made for simple and sensitive detection of matrix metalloproteinase 2[J]. Chemical communications, 2011, 47(38):10680-10682.

[193] XIE Y Y, HU X H, ZHANG Y W, et al. Development and antibacterial activities of bacterial cellulose/graphene oxide-CuO nanocomposite films[J]. Carbohydrate polymers, 2020, 229:115456.

[194] XIAO F Y, REN H, ZHOU H S, et al. Porous Montmorillonite@Graphene Oxide@Au nanoparticle composite microspheres for organic dye degradation[J]. ACS applied nano materials, 2019, 2(9):5420-5429.

[195] WANG Z, YAN S, SUN Y, XIONG T, et al. Bi metal sphere/graphene oxide nanohybrids with enhanced direct plasmonic photocatalysis[J]. Applied catalysis B: environmental, 2017, 214:148-157.

[196] HONG J S, LEE J H, NAM Y W. Dispersion of solvent-wet carbon nanotubes for

electrical CNT/polydimethylsiloxane composite[J]. Carbon,2013,61:577-584.

[197] WANG L, ZHONG M, LI J, et al. Highly efficient ferromagnetic CoBO catalyst for hydrogen generation[J]. International journal of hydrogen energy,2018,43(36):17164-17171.

[198] HARRIS P J F. Carbon nanotube composites[J]. International materials reviews,2004, 49(1):31-43.

[199] BABAEV A A, ZOBOV M E, KORNILOV D Y, et al. Specific features of temperature dependence of graphene oxide resistance[J]. Protection of metals and physical chemistry of surfaces,2019,55(1):50-54.

[200] ZHU B Z, LI F, SUN Y L, et al. Effects of different additives on the ignition and combustion characteristics of micrometer-sized aluminum powder in steam[J]. Energy & fuels,2017,31(8):8674-8684.

[201] LIU Z, XIAO F, TANG W, et al. Study on the hydrogen generation performance and hydrolyzates of active aluminum composites[J]. International journal of hydrogen energy,2022,47(3):1701-1709.

[202] HUANG H T, ZOU M S, GUO X Y, et al. Analysis of the solid combustion products of a Mg-based fuel-rich propellant used for water ramjet engines[J]. Propellants, explosives, pyrotechnics,2012,37(4):407-412.

[203] SIPPEL T R, SON S F, GROVEN L J. Aluminum agglomeration reduction in a composite propellant using tailored Al/PTFE particles[J]. Combustion and flame, 2014,161(1):311-321.

[204] ZOU M S, HUANG H T, SUN Q, et al. Effect of the storage environment on hydrogen production via hydrolysis reaction from activated Mg-based materials[J]. Energy,2014,76:673-678.

[205] MACANAS J, SOLER L, CANDELA A M, et al. Hydrogen generation by aluminum corrosion in aqueous alkaline solutions of inorganic promoters: the AlHidrox process [J]. Energy,2011,36(5):2493-2501.

[206] DING G M, JIAO W C, WANG R G, et al. A biomimetic, multifunctional, superhydrophobic graphene film with self-sensing and fast recovery properties for microdroplet transportation [J]. Journal of materials chemistry A, 2017, 5 (33): 17325-17334.

[207] WANG H, WANG Z, SHI Z, et al. Facile hydrogen production from Al-water reaction promoted by choline hydroxide[J]. Energy,2017,131:98-105.

[208] WANG T, XU F, SUN L, et al. Improved performance of hydrogen generation for Al-Bi-CNTs composite by spark plasma sintering[J]. Journal of alloys and compounds, 2021,860:157925.

[209] SU M, WANG H, XU H, et al. Enhanced hydrogen production properties of a novel

aluminum-based composite for instant on-site hydrogen supply at low temperature[J]. International journal of hydrogen energy,2022,47(17):9969-9985.

[210] AN Q, JIN Z J, LI N, et al. Study on the liquid phase-derived activation mechanism in Al-rich alloy hydrolysis reaction for hydrogen production [J]. Energy, 2022, 247:123489.

[211] MCCOLLU J, PANTOYA M L, IACONO S T. Catalyzing aluminum particle reactivity with a fluorine oligomer surface coating for energy generating applications [J]. Journal of fluorine chemistry,2015,180:265-271.

[212] SIPPEL T R, SON S F, GROVEN L J. Altering reactivity of aluminum with selective inclusion of polytetrafluoroethylene through mechanical activation [J]. Propellants, explosives,pyrotechnics,2013,38(2):286-295.

[213] SIPPEL T R, SON S F, GROVEN L J, et al. Exploring mechanisms for agglomerate reduction in composite solid propellants with polyethylene inclusion modified aluminum [J]. Combustion and flame,2015,162(3):846-854.

[214] VALLURI S K, SCHOENITZ M, DREIZIN E L. Metal-rich aluminum-polytetrafluoroethylene reactive composite powders prepared by mechanical milling at different temperatures[J]. Journal of materials science,2017,52(12):7452-7465.

[215] CHEN Y,CHEN X,WU D J, et al. Underwater explosion analysis of hexogen-enriched novel hydrogen storage alloy[J]. Journal of energetic materials,2016,34(1):49-61.

[216] DIWAN M, HANNA D, SHAFIROVICH E, et al. Combustion wave propagation in magnesium/water mixtures:experiments and model[J]. Chemical engineering science, 2010,65(1):80-87.

[217] KI W, SHMELEV V, FINIAKOV S, et al. Combustion of micro aluminum-water mixtures[J]. Combustion and flame,2013,160(12):2990-2995.

[218] KUEHL D K. Ignition and combustion of aluminum and beryllium[J]. AIAA journal, 1965,3(12):2239-2247.

[219] LIU Y, WANG X, LIU H, DONG Z, et al. Improved hydrogen generation from the hydrolysis of aluminum ball milled with hydride[J]. Energy,2014,72:421-426.

[220] ZOU M S,YANG R J, GUO X Y, et al. The preparation of Mg-based hydro-reactive materials and their reactive properties in seawater[J]. International journal of hydrogen energy,2011,36(11):6478-6483.

[221] QUIJANO D, CORCORAN A L, DREIZIN E L. Combustion of mechanically alloyed aluminum-magnesium powders in steam [J]. Propellants, explosives, pyrotechnics, 2015,40(5):749-754.

[222] ALIHOSSEINI H, DEHGHANI K. Analysis of particle distribution in milled Al-based composites reinforced by B_4C nanoparticles [J]. Journal of materials engineering and performance,2017,26(4):1856-1864.

[223] KISSINGER H E. Reaction kinetics in differential thermal analysis[J]. Analytical chemistry,1957,29(11):1702-1706.

[224] XU D, YANG Y, CHENG H, LI Y Y, et al. Integration of nano-Al with Co_3O_4 nanorods to realize high-exothermic core-shell nanoenergetic materials on a silicon substrate[J]. Combustion and flame,2012,159(6):2202-2209.

[225] YANG D, LIU R, LI W. Recent advances on the preparation and combustion performances of boron-based alloy fuels[J]. Fuel,2023,342:127855.

[226] ALI N A, ISMAIL M. Advanced hydrogen storage of the Mg-Na-Al system:a review [J]. Journal of magnesium and alloys,2021,9(4):1111-1122.

[227] CHEN J, XU F, SUN L, et al. Effect of doped Ni-Bi-B alloy on hydrogen generation performance of Al-InCl$_3$[J]. Journal of energy chemistry,2019,39:268-274.

[228] LIAO L M, GUO X L, XU F, et al. A high activity Al-Bi@C for hydrogen generation from Al-water reaction[J]. Ceramics international,2021,47(20):29064-29071.

[229] YU C, ZHANG W, GAO Y, et al. The super-hydrophobic tHermite film of the Co_3O_4/Al core/shell nanowires for an underwater ignition with a favorable aging-resistance[J]. Chemical engineering journal,2018,338:99-106.

[230] SHMELEV V M, FINYAKOV S V. Specifics of the combustion of aluminum-water mixtures[J]. Russian journal of physical chemistry B,2013,7(4):437-447.

[231] HU F, ZHANG W H, XIANG M, et al. Experiment of water injecton for a metal/water reaction fuel ramjet[J]. Journal of propulsion and power,2013,29(3):686-691.

[232] HUANG L Y, XIA Z X, HU J X, et al. Performance study of a water ramjet engine [J]. Science China technological sciences,2011,54(4):877-882.

[233] YANG Y, HE M. Thermodynamic cycle analysis of ramjet engines using magnesium-based fuel[J]. Aerospace science and technology,2012,22(1):75-84.

[234] ZHANG J R, XIA Z X, HUANG L Y, et al. Experimental and numerical parametric studies on two-phase underwater ramjet[J]. Journal of propulsion and power,2018,34(1):161-169.

[235] ZHANG J, XIA Z, HUANG L, et al. Power cycle analysis of two-phase underwater ramjet[J]. Applied ocean research,2018,71:69-76.

[236] WANG X M, SHANG J Z, LUO Z R, et al. Reviews of power systems and environmental energy conversion for unmanned underwater vehicles[J]. Renewable and sustainable energy reviews,2012,16(4):1958-1970.

[237] YANG H, XU C, WANG W, et al. Underwater self-sustaining combustion and micro-propulsion properties of Al@FAS-17/PTFE-based direct-writing nanoHermite[J]. Chemical engineering journal,2023,451:138720.

[238] WAN J, CAI S Z, LIU Y, et al. Reaction characteristics of nano-aluminum and water by in situ investigation[J]. Materials chemistry and physics,2012,136(2/3):466-471.